# 智慧管网理论与技术体系

李 莉　杨玉锋　马云宾◎等著

石油工业出版社

内 容 提 要

本书阐述了智慧管网的内涵特征、基础理论和技术架构，明确了油气管网智能化建设、智慧运维、智能调控、数字孪生体和知识图谱构建等核心技术要点，展望了智慧管网融入能源互联网的趋势与路径，对制订智慧管网建设运行方案具有一定的指导作用。

本书可供油气管道领域科研、管理及工程技术人员参考。

## 图书在版编目（CIP）数据

智慧管网理论与技术体系 / 李莉等著. -- 北京：石油工业出版社, 2024. 12. -- ISBN 978-7-5183-7203-4

Ⅰ. TE973-39

中国国家版本馆 CIP 数据核字第 2024K05C65 号

出版发行：石油工业出版社
（北京安定门外安华里 2 区 1 号楼　100011）
网　　址：www.petropub.com
编辑部：（010）64523736　图书营销中心：（010）64523633
经　　销：全国新华书店
印　　刷：北京中石油彩色印刷有限责任公司

2024 年 12 月第 1 版　2024 年 12 月第 1 次印刷
787×1092 毫米　开本：1/16　印张：11.25
字数：215 千字

定价：120.00 元
（如出现印装质量问题，我社图书营销中心负责调换）
版权所有，翻印必究

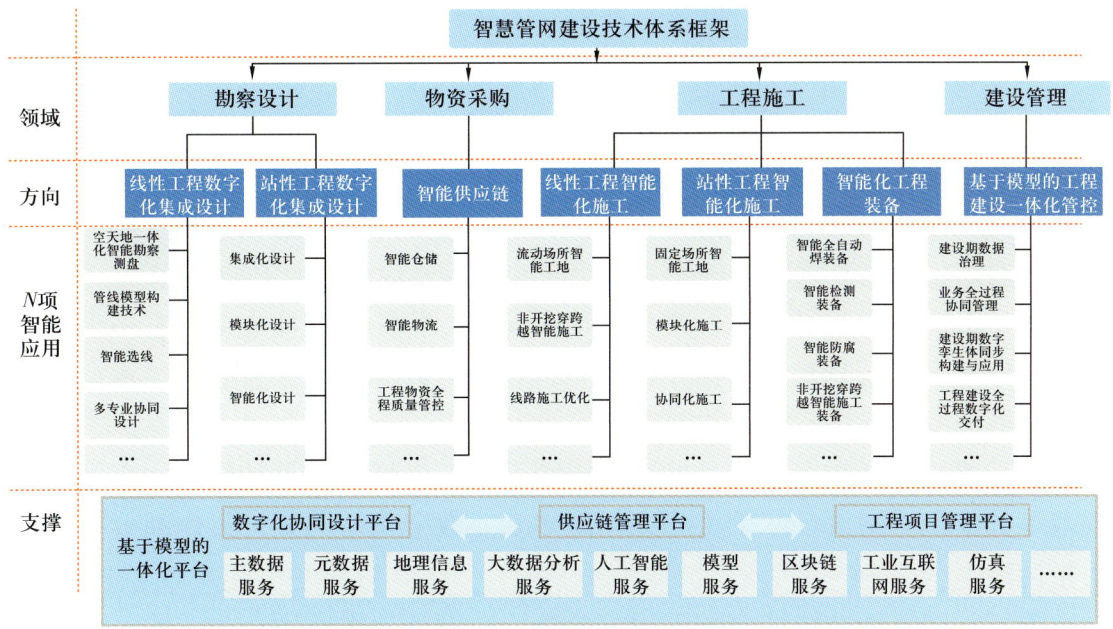

图 3-3-1 智慧管网建设技术体系框架示意图

数字化设计工具的应用，提高了设计的效率，保障了工程质量，但还是存在不少问题亟待解决：一是各专业、各阶段数字化设计协同效率不高，无法实现高效协同与数据共享；二是设计数据资产（虚拟仿真设计成果、设计计算成果、建模成果等）没有充分利用，无法实现成果高效复用与共享；三是关于数字化、集成化、协同化等设计的工作规范等还不健全，没有形成统一指导；四是设计智能化程度不够，智能决策技术没有真正应用；五是没有形成行业统一的工程主数据管理标准和数字化交付标准的规范，数字化设计成果对工程建设全生命周期的数字化支持作用需要进一步提高。上述问题是油气管网工程设计阶段所面临的共性问题。

随着新一代信息技术的不断发展，行业内为了解决上述问题，进行了一系列探索实践，逐渐形成了数字化集成设计的理念。数字化集成设计系统的建设为解决上述问题提供了有效手段。

数字化集成设计是以各类数字化设计软件工具为基础，建设数字化集成设计系统，实现不同单位、不同专业、不同阶段的设计数据的高效协同与共享，实现工程设计数字化资产的有效管理和高效应用。目前数字化集成设计主要包含以下建设工作：

一是通过数字化集成设计系统建设，集成各专业、各设计阶段数字化设计工具，保障各专业、各阶段之间数据流转不出错不丢失，提高协同工作和数据共享的支持能力以及模型、图纸和数据版本的管控水平。

二是建立涵盖并匹配油气管网工程设计中各专业、各阶段设计成果的工程设计数据库和知识库，通过对数据和知识成果的管理，实现数字化资产和成果的高效共享与复用，作为设计工作的专家库与知识支持库。

三是立足于工程建设全生命周期，提供采购、施工、竣工交付及运营阶段的数据通道，满足对采购、施工和数字化交付等阶段的设计数据需求。

四是数字化集成设计平台融合模块化设计、智能化设计成果，进一步提高设计工作效率；同时基于数据库知识库，利用大数据及人工智能等技术，建立设计决策模型，提高系统智能辅助决策能力。

五是建立健全数字化产品标准、协同设计工作规范、设计数字化交付工作规范等数字化协同设计基础工作，保障多专业数字化协同设计工作高效率、高质量运转。

油气管网属于站线结合的工程综合体，在设计技术方面分为线性工程数字化设计和站性工程数字化设计两方面，分别涵盖了线路工程和各类站场工程的设计。

### （一）线性工程

线性工程数字化集成设计发展的总体思路是提升线路勘察测量、路由选择、模型构建、数据管理的信息化、智能化水平，实现线路多专业信息共享与协同设计，同时在标准统一的情况下逐步建立管线信息模型，并引入大数据分析、人工智能等先进技术，实现线路设计的数字化与集成化。

线性工程数字化集成设计技术包含空天地一体化工程勘察技术、线路信息模型技术、线路工程集成化设计技术、线路工程智能化设计技术等。

#### 1. 空天地一体化工程勘察技术

管道线路工程勘察测量数据是线路工程设计的重要基础数据。随着油气管网建设规模的不断扩大，线路路由的地质条件越来越复杂，断层、岩溶、凹陷等地质地貌越来越常见。由于地形地貌的多样性及地质条件的复杂性等问题，常规勘察技术和手段难以满足设计要求，亟须研究、引进、改进创新勘察技术，以提高勘察效率和精细度。

随着科技的进步，无人机、InSAR 形变监测、机载雷达、热红外遥感、高（多）光谱岩性识别、航空物探等手段越来越多地应用于线路地质勘察，经过多年的发展，空天地综合勘察体系逐渐建立。

空天地一体化工程勘察是针对油气管网工程勘察测量场景，综合应用地理信息系统（Geographic Information System，GIS）、卫星导航定位系统、全站仪、水平仪、航空摄影测量、激光雷达测量、无人机等先进技术手段，实现空天地一体化的地质调查、钻探、触探、物探。基于 GIS 提供沿线数字高程模型数据及地形的三维显示，支持勘察设计阶段进行土石方、用地量的估算，并将相关勘察测量数据进行存储分析管理，能够向设计阶段进行数字化交付。

"空"类勘察技术包括航空勘测、高分辨率高精度无人机勘察技术、航空遥感勘察技术等在大气层内低空域开展的"空"类勘察技术，以及机载激光雷达技术、倾斜摄影、航空物探等新型"空"类勘察技术；勘测尺度更加精细，进一步查明研究区内地层岩性、地质构造及不良地质的类型、分布范围、空间参数和几何属性，为水保边坡稳定性评价、隧道围岩分级的划分、线路方案的确定及附属工程设置提供依据。

"天"类勘察技术包括 GPS、北斗定位技术、高分卫星遥感技术、热红外遥感地热异常识别技术、InSAR 形变监测技术、多（高）光谱岩性识别技术等基于卫星系统开展的"天"类卫星遥测遥感勘察技术，以及常规的卫星遥感及测绘技术（低分辨率）等"天"类勘察技术；可获取铁路沿线测区主要断裂、地热、不良地质、岩性等宏观区域地质分布特征，指导线路方案比选，稳定宏观线路方案。

"地"类勘察技术主要包括常规地面地质调绘、物探、钻探、观测与测试、超前地质预报等，而地面三维激光扫描技术、等值反磁通瞬变电磁技术、微动探测技术、轻便型动力头式全液压钻探技术及厚深厚覆盖层综合原位测试技术则是在工程实践中对常规"地"类勘察技术的创新成果。

在复杂地质条件下线路勘察过程中，应根据不同自然环境、各类工程地质特征和主要工程地质问题分布，建立有针对性的各类勘察技术的组合模式，体现从面到点、从宏观到微观、从定性到定量的勘察理念，从而科学、合理、高效地开展地质综合勘察工作。空天地一体化综合地质勘察技术体系为线路工程勘察设计提供多样化、立体化、全方位的支撑。

2. 线路信息模型技术

目前管道线路信息模型构建技术是基于地理信息系统平台构建设计阶段管道信息模型，将勘察设计阶段所有与管线相关属性信息（设计定义、工艺描述、属性及管理等）集成在管道信息模型中，为管道在设计、采购、施工及运行维护等全生命周期各个阶段的数据管理和利用提供统一的模型描述基础，同时可支持三维可视化、智能化设计等应用。线路信息模型基于 GIS 技术完成管道沿线地理信息模型的构建，在统一数据模型指导下，线路工程几何模型融合包含设计、采购、施工及竣工数据的数据模型，形成管道线路信息模型。

线路信息模型中的数据来源包含可行性研究、初步设计、施工图设计、设计变更、竣工图；环境评价、安全评价等专项评价；水文、地质部门等。其中对设计单位、设计人员，对管道沿线的地形和地质条件、气象和水文条件、管道沿线周边的交通和社会依托情况，对管道路由设计、管道设计参数（如设计温度、压力、输量、管材、设备等）、管道附属设施设计（如配电、自控、通信等）、管道防腐设计参数、水工保护设计参数、穿跨越设计参数、阀室及站场设计参数有清晰的调研和详细的数据。管道沿线自然灾害相关信息及对管道的保护措施，所包含的数据有地质灾害数据（如滑坡、崩塌、泥石流、地面塌陷）、地震灾害数据、洪水灾害数据等。

线路信息模型是设计阶段线路工程数据的综合载体，不仅可作为多专业集成设计、辅助设计、智能设计的功能载体，也可作为采购及施工阶段智能管控应用信息载体。同时可通过设计数字化交付将信息传递至运行阶段，服务于工程全生命周期。

### 3. 线路工程集成化设计

线路工程集成化设计是线路设计阶段一直致力于提升的属性。线路工程集成设计包含软件、数据、专业等多个方面的集成。在设计软件集成方面，通过建立统一的设计平台集成 GIS、CAD 等设计软件，并形成一套统一的设计管理流程。在数据集成方面，将统一设计标准、设计数据、管道沿线基础地理数据、区域地质、地质灾害、环境敏感点、城镇规划等专题数据集成，构建线路集成数据库，以便数据共享流转。在专业集成方面，集成线路、阴保、通信、道路、水保、地灾、勘察、测量等多个专业，通过统一设计平台实现设计协同。通过数据和规则驱动极大地保证设计数据的准确性和可重复利用性，通过碰撞检查功能避免专业之间碰撞，专业间协同设计更加合理和有效，对设计变更进行有效管控。实现专业间在线提资并自动生成提资单，用于专业间提资、校审、存档及数据移交；数据在专业之间进行传递和集成。

### 4. 线路工程智能化设计技术

线路工程智能化设计技术目前一般分为智能辅助设计和线路智能优化技术。

1）智能辅助设计

通过构建线路辅助设计系统进行线路辅助设计，线路辅助设计适用于可行性研究、总体设计、初步设计等阶段的线路工程设计，通过与线路设计数据互通，基于基础地理信息系统，利用航空摄影测量数据、卫星遥感资料等，开展智能化辅助设计，实现线路路由比选、工程量自动统计、线路走向图绘制、局部线路段设计等功能，规范设计流程及设计过程，积累线路技术数据资产，提高设计效率与设计水平。

2）线路智能优化

传统的人工选线方法多为设计人员凭经验手工设计线路，存在方案数量有限、决策周期长、劳动强度大等缺陷。线路智能优化是一种将选线理论与地理信息系统、智能计算、多目标优化等结合的现代线路设计方法，旨在利用计算机自动搜索出连接起点、终点，满足限制条件且目标函数最优的线路方案，能为设计人员提供多样化的线路备选方案，可有效提高选线工作的速度和质量。线路智能优化技术基于管线空间数据库及基础信息库，在各类设计规则约束下，利用大数据、人工智能等技术实现自动选线及优化功能。先期发展在 GIS 数字化选线基础上实现路由自动比选优化，辅助线路路由选线，同时实现工程量统计及自动出图。后期在大数据、人工智能技术的进一步加持下实现智能选定线。

线路智能优化技术包含外业数字化技术、线路知识库构建技术、设计规则库构建技术、智能路由规划技术等关键技术。

## （二）站性工程

长输管道站场、储油气库、LNG 接收站等都属于油气管网系统的站性工程的范畴。除了与线性工程通用的勘察测量技术之外，数字化集成设计是目前站性工程设计采用的主流做法。数字化集成设计系统是基于三维工厂设计系统软件的集工程设计、施工、管理等方面的思想于一体的系统，为现代工程项目管理从粗放被动型向精细主动型发展创造了十分有利的条件。

站场工程数字化集成设计包含集成化设计、模块化设计、智能化设计等多项关键技术。

### 1. 集成化设计

数字化集成设计技术是模块化设计和智能化设计的技术基础，没有数字化集成设计技术的支持模块化及智能化设计就无从谈起。数字化集成设计系统为数字化、集成化、模块化及智能化设计的应用提供了统一框架。

数字化集成设计以数据为核心，以软件为载体，以智能PID（Proportional Integral Derivative）设计为龙头，围绕3D数据模型创建开展。采用软件实现站场设计数字化，制定数据流实现集成化，通过工作流实现专业间协同。数字化集成设计项目借助数据管理平台，按定制好的工作程序严格运行，对整个过程数据进行全面记录，最终形成数据级的完整项目成果。数字化集成设计主要应用于初步设计、施工图设计阶段，覆盖多个设计专业，与前期分析工作/软件可以通过接口的方式实现数据集成，保持数据的集成和流通。最终建成基于三维模型的静态数字孪生体，并支持设计全数字化交付。

数字化集成设计技术包含二维逻辑设计技术、三维协同设计技术、建筑总图设计技术、设计数据集成及管理等多项关键技术。

## 2. 智能化设计

智能化设计可以一般性地理解为计算机化的人类设计智能。传统CAD技术难以胜任基于符号知识模型的推理型工作。在设计过程中有些工作是不能建立起精确的数学模型并用数值计算方法求解的，而是需要设计人员发挥自己的创造性，应用多学科知识和实践经验，进行分析推理、运筹决策、综合评价，才能取得合理的结果，专家系统就是一种知识处理系统，所以智能化系统除了具有工程数据库、图形库等CAD功能部件外，还应具备知识库、推理机等智能模块。

在智能化设计发展的不同阶段，解决的主要问题也不同，设计型专家系统解决的主要问题是模式设计，方案设计作为其典型代表，基本上属于常规设计的范畴，但同时也包含一些革新设计的问题。与设计型专家系统不同，人机智能化设计系统要解决的主要问题是创造性设计，包括创新设计和革新设计。智能化设计具有以下五个特点：（1）以设计方法学为指导；（2）以人工智能技术为实现手段；（3）以传统CAD技术为数值计算和图形处理的工具；（4）面向集成智能化；（5）提供强大的人机交互功能。

智能化设计的发展从单一的设计性专家系统发展到人机智能化设计系统，它是面向集成的决策自动化，是高级的设计自动化。目前阶段的智能化设计主要侧重于两个方面：一方面是基于知识自动化处理和应用，主要采用知识图谱的方式开展智能化设计，并辅助决策；另一方面是基于计算机系统，主要是数字化设计软件本身的基于规则的或者说基于数据模型的自动化/智能化提升，能够更好地将规则植入到计算机软件中，提高设计效率，解放更多劳动力。所以智能化设计从目前的发展情况分析，主要分为两种方式：基于知识图谱的智能化设计和基于规则的智能化设计。

### 3. 模块化设计

模块化设计是一种创新的设计思想，作为工程设计的重要原则贯穿工程全生命周期。模块化是一种综合性技术，也是相关学科知识的综合运用，涉及四个方面的内容。

（1）以系统工程理论为指导。模块化本身就是一个系统工程。在模块化过程中，必须充分运用系统工程的原理和方法，才能取得预期的效果。

（2）以标准化原理为基础。模块化是一种标准化的新形式，是标准化原理中简化、统一化、系列化、通用化、组合化、模数化等理论的综合运用，是标准化的高级形式。

（3）以方法论为依据。它不仅是系统方法、标准方法及逻辑思维方法的综合运用，并且由于模块化结构的复杂性及组合化特征，还需要运用非逻辑思维方法，对产品与装置进行巧妙的、创造性的构思，才能形成具有灵活性、柔性、有生命力的模块化产品与装置系统。

（4）以深厚的专业理论知识为前提。模块化的产品与装置结构，因不同专业的具体产品与装置对象而异，只有精通本行业产品与装置系统的性能和结构，才能对产品与装置系统做出恰如其分的分解和组合；只有对产品与装置系统的发展进程和发展方向有充分了解，才能使设计出来的模块化产品与装置系统具有先进性、适用性和长的寿命周期。

基于数字化集成技术的模块化设计方法是将标准通用的标准构件、设备、管件以及工艺流程建立标准库。在模块化工程设计中，设计人员可以快速从标准库中选择所需的设计要素，减少了设计过程中的构件设计、工艺流程计算、设备选型，从设计人工成本和设计时间方面减少造价，而不需要详尽解决每项的最优造价，以此达到总体上降低造价的目的。

数字化集成设计技术应用的关键是实现信息共享，而信息共享是标准库的前提，标准库是设计和建造单位共有的，保证了二者的协调性，工程效率得到大大提高。

## 二、智慧供应链

智慧供应链建设是通过建立涵盖工程、物资、服务的集采购招标交易与管理、仓储物流服务、全景质量监控为一体的管理信息系统,构建智能化、可视化、端到端的供应链体系,支撑采购供应链全流程的业务处理自动化、业务管理规范化、决策支持科学化,为供应商、承包商等第三方企业提供协同服务,构建开放共享的生态圈。

智慧供应链（Intelligent Supply Chain）是一种先进的供应链管理理念和模式,通过充分利用物联网、大数据分析、云计算、人工智能、区块链等新一代信息技术手段,实现供应链的深度感知、实时分析、精准预测、快速响应以及智能决策。智慧供应链的核心目标是提升整个供应链的运行效率、降低成本、增强协同效应,并通过智能化手段确保产品和服务的质量与安全。

智慧供应链的核心在于解决传统供应链中存在的信息不对称、响应滞后等问题,实现信息流、物流、资金流的无缝对接,从而提升供应链的整体效率及协同性。

智慧供应链中与工程建设密切相关的是工程物资的智能物流、智能仓储和对工程物资全程质量管控的系列技术。

### （一）智能物流

智能物流是指将自动化技术、智能化技术和信息化技术应用于工程物流领域,在统一供应链系统管控下,实现按照采购订单进行物流跟踪,实现配送环节从发运到结算的全程管理。在货物的流转过程中,利用电子数据交换（Electronic Data Interchange,EDI）技术、GIS技术、全球定位系统（Global Positioning System,GPS）技术及二维码、射频识别（Radio Frequency Identification,RFID）等技术来完成货物的出入库、跟踪管理,是目前主流的应用方向,重点是满足企业在施工过程中的物资采购时间控制,做到精准管理,提高供应链中物资、设备的流转的全程管理。智能物流主要实现功能如下:

（1）根据配送需求订单信息,综合配送成本、安全性、公里数、路况等因素智能推荐最佳配送路线,推荐配送方案,减少配送时间,节约配送成本。

（2）利用GPS或北斗定位设备和手持移动设备,全程监控物流配送情况,实现车辆配送轨迹和配送信息的可视化监控。

（3）利用大数据分析运输路线、运输方式,定期评估物流风险。

（4）选择合适的仓库建设立体仓库，实现立体仓库智能配套。

（5）综合考虑设备存量、故障率、使用寿命、投资规模、历史库存消耗量等状况，统筹平衡供应周期、存储成本等因素，科学地编制储备定额，并利用储备定额进行智能自动补库。

（6）建立代储代销物资模型，实现代储代销物资数量及周期的动态调整，保证既满足物资需求，又减少供应商的物资积压，缩短供应商资金回款周期。

## （二）智能仓储

智能仓储是利用条码技术、射频识别、智能调配等技术方案，对工程物资仓库内的所有设备、物资等一对一管理，并在系统中准确定位具体的规格、数量、库位等，形成单一仓库数据库，并相互汇聚，构成总体仓储系统数据库，结合智能物流，完成仓储物流供应链的管理工作。另外，在仓储管理过程中的重要工作则是要对在库的物资和设备在系统中与工程计划的相关工作计划包进行匹配，利用自动化系统确保在阶段性的工程建设中，材料和设备满足实际的使用需求，降低因缺少物资、设备造成的延期、停工带来的损失，提高项目施工现场的效率。其具体管理功能如下。

（1）通过统一平台管控实现物资出入库、转储、保管、保养、盘点等日常管理并通过条码、RFID等技术，确保账实相符。

（2）能够对工程项目中转站物资进行管理。

（3）能够实现工程储备定额、调剂物资、废旧物资处理等业务。

（4）通过统一平台实现库存信息可视化，将自有仓库库存、储物于厂库存、储物于商库存纳入统一管理，形成整个工程项目库存"一本账"。

（5）能够与承运商数据对接，优化配车、物流跟踪、财务结算流程。

（6）研究储备定额模型，建立科学合理的储备定额要求。

（7）能够实现各类仓库数据信息大屏展示、数据看板、报表、监控、预警、决策支持等功能。

## （三）全程质量管控

通过同一平台结合物联网等技术，在以下方面实现物资全程质量管控。

（1）建立采购物资质量标准库，能够实现信息的采集、维护、发布和查询，并与供应商准入、考核和采购寻源等过程实现联动。

（2）建立质量检验标准和物资强检目录，对重要物资或国家规定必须进行质量检验的物资，需要委托质量检测机构进行检验，实现质量检验报告和商检报告的管理；监造物资要有完整的质量记录，实现对质量监造报告的管理。

（3）建立质量跟踪与处理机制，实现对质量问题和处理结果的及时记录，并作为对供应商考核时的参考依据，基于供应商的制造质量水平、抽检合格率、履约能力评价、不良行为处理等各类数据分析结果，制定精准化、差异化的资质业绩核实策略，提升核实效率，获取更加准确可靠的核实结果。

（4）实现供应商全息多维评价，包括各专业管理人员的实时评价以及与相关系统的数据集成，如征信采集、履约信息自动归集、运行大数据智能评价，根据评价结果进行供应商分级分类和全息画像，并将全息画像应用于相关领域开展风险预测，督促供应商改进提升。

（5）强化质量管控能力，加强设计选型、物料描述、技术协议与合同签订、产品监造、出厂前检测等关键环节的质量控制，强化源头控制能力，从事后被动处置向事前主动管控转变。

（6）实现与制造商生产系统集成，实现对制造商生产进度、周报日报、质量监控信息、人员资质信息、质量检测评估结果、技术说明等的关键质控。

（7）实现监造及质检资料的模板化管理，编制内容结构化，包括质量检测结果、技术文件评估结果、制造商人员资质等信息，支持已有信息自动填写，支持辅助资料、资质证明文件等非结构化过程资料上传到系统。实现对监造及质检报告的实时查询。

（8）基于大数据及人工智能等技术实现监造管控策略优化，针对不同供应商、不同生产环境、设计水平、工艺水平、生产管理水平等情况出具差异化监造管控策略。

（9）能够实现智能远程监造，远程在线采集设备制造全过程数据，对质量异常进行实时告警，实现对设备制造质量的远程智能监造。

（10）建立检测计划编制策略库，结合物资供应计划自动编制检测计划，实现检测计划编制智能化。

（11）能够对现场检测进行有效监控，全程实时采集物资取样与封样过程信息，及时预警不规范操作，有效提升物资检测业务效率，保障检测工作质效。

（12）能够对不同的物资进行质量管控方式分类，不同类型物资采用不同的质量管控方式，包括监造、工艺认证、出厂测试、现场测试等方式。对于采用监造以外其他方式的，将工艺认证、出厂测试、现场测试要求和结果进行上传，以便对全品类物资进行质量管理。

## 三、智能化施工装备

### （一）需求分析

智能化施工装备是指在工程机械的设计、制造、运行和维护等环节中，利用人工智能、物联网等技术，实现工程机械的自动化、数字化和智能化，提高工程机械的性能、效率和安全性。智能化施工装备的需求分析主要包括以下三个方面。

（1）市场需求：随着我国基础设施建设的不断推进，对工程机械的需求量和质量也不断提高，需要更高效、节能、环保的工程机械产品。同时，随着人力成本的上升和人才短缺问题加剧，需要更少依赖人力操作和维护的工程机械产品。

（2）技术需求：随着人工智能、物联网、大数据等技术的发展和应用，为工程机械智能化提供了技术支撑和创新动力。通过采集和分析大量数据，可以实现对工程机械状态、环境条件、作业任务等信息的实时监测和优化控制，提高工程机械的精准性和适应性。通过利用人工智能算法，可以实现对工程机械故障诊断、预防维护、远程协作等功能的实现，提高工程机械的可靠性和安全性。

（3）政策需求：随着国家对制造业转型升级和绿色发展战略的重视，出台了一系列鼓励发展智能制造产业的政策措施，如《中国制造 2025》《新一代人工智能发展规划》《国务院关于推进物联网有序健康发展的指导意见》等文件。

### （二）技术构成

智能化施工装备的技术构成包括以下五个方面。

（1）智能感知技术。通过传感器、摄像头、雷达等设备，收集并处理施工现场的环境数据、机械状态数据和作业数据，实现对施工场景的实时监测和识别。

（2）智能控制技术。通过控制器、执行器等设备，根据预设的规则或算法，对施工机械进行精确的运动控制和协调控制，实现施工任务的高效完成。

（3）智能优化技术。通过优化模型、算法等方法，对施工过程中的资源配置、路径规划、作业顺序等问题进行优化求解，实现对施工效率和质量的提升。

（4）智能决策技术。通过人机交互界面、专家系统等手段，根据历史数据和当前数据，对施工过程中可能出现的异常情况或风险进行分析和预警，并提供相应的解决方案或建议。

（5）智能协同技术。通过通信网络、云平台等平台，实现不同类型、不同位置的施工机械之间以及与人员之间的信息共享和协作配合，实现对整个施工项目的全面管理。

### （三）关键技术

智能化工程装备包含智能全自动焊装备、智能检测装备、智能防腐装备和非开挖穿跨越智能施工装备、智能内检测装备等多项关键技术。

#### 1. 智能全自动焊装备

目前我国全自动焊装备已经普遍应用到大口径管道焊接施工中。管道全自动焊有焊接质量好、成形美观、效率高、劳动强度低等诸多优点，是一种实用的机械化自动化技术。目前全自动焊装备已经发展了多种型号，能够适用多种工况焊接作业。除了实用性的提升外，智能化提升也是其重要的发展方向。智能化提升针对影响焊接质量的因素，在自动焊机（外焊机、内焊机）、加热设备上加装数据自动采集、传输模块，以达到数据自动采集移交要求。通过基于大数据的智能算法及时判断焊接工况是否合格，对不合格的工况进行及时报警与校正，可有效提升一次焊接合格率。除了对焊接工况数据进行采集之外，还能对焊接工艺和机组人员实施有效管理，有效提升施工管理水平。

自动收集的焊接过程数据，还可以进入数据库，通过大数据挖掘技术建立焊口质量大数据分析模型，进行焊口质量自动判断识别。通过对数据的预测，给工程管理者提供指导，能够辅助管理者进行有效决策。

#### 2. 智能检测装备

检测装备主要有射线检测和超声检测设备。

##### 1）智能射线检测设备

周向 X 射线机配合射线检测管道爬行器可实现管道环焊缝自动化检测，一次透照可实现对一道焊缝的全周长检测，检测速度快。数字 X 射线摄影（digital radiography，DR）技术则通过闪烁屏面板转换 X 射线，经光电器件转化成为数字图像。以 1s 多幅图像的速度进行数据采集，输入计算机进行实时处理，可以实现 X 射线伤检测的数字化，所得样片可通过基于环焊缝大数据智能评片技术实现管道环焊缝质量自动识别评估。

2）智能超声检测设备

全自动超声波检测（Automatic Ultrasonic Testing，AUT）设备是目前技术先进的设备，AUT采用分区扫查方法，将焊缝沿厚度方向按照2~3mm进行分区，每个区用一对或两对聚焦声束检测，同时还采用非聚焦声束检测，检测系统是多通道，检测结果以图像形式显示，分为A扫描带状图、B扫描及TOFD三种显示方式。利用数字化的检测成果数据进行典型的缺陷特征提取，通过AI技术进行缺陷的智能识别，实现智能评片。通过对相控阵超声检测技术的改造，实现焊缝的三维成像，使得检测结果更直观，缺陷更容易识别。

### 3. 智能防腐设备

智能防腐装备通过在除锈设备及加热设备上加装数据自动采集模块，完成防腐作业过程数据自动采集，同样数据通过局域网发送到系统平台，系统终端进行数据接收，对不符合规程的工况进行及时报警纠正，数据可供施工单位管理层或建设单位实时监控机械化补口过程中的各项数据，同时将数据存储到数据库，以便进行历史数据查询。

### 4. 非开挖穿跨越智能施工装备

穿跨越工程是线路工程中的重点工程，大型穿跨越工程施工周期长、技术难度大、施工条件苛刻，亟须智能化方式改进施工技术、提升施工效率，打造人机融合的施工环境。

跨越施工方式机械化程度低，对智能化施工装备需求度不高。非开挖穿越施工方式相较于开挖穿越对环境影响小、施工质量高、适应范围广，已经成为管道穿越的主要方式。目前非开挖穿跨越智能施工装备包含智能定向钻施工装备、智能盾构装备等施工智能装备。

1）智能定向钻施工装备

定向钻穿越是常用的管道穿越方式之一，在管道施工中特指水平定向钻技术，是管道穿越大中型河流及山体时的常用技术。1971年，美国加利福尼亚州的施工单位Martin Cherrington将石油钻机改造为水平定向钻机，巧妙结合了石油领域的定向钻井技术和非开挖管线铺设技术，创新性提出了水平定向钻技术。我国于1980年左右引进水平定向钻穿越技术，并于1985年首次完成了黄河非开挖定向穿越施工。经过多年发展，我国水平定向钻技术及装备实现了重大突破，完成了从依赖进口到自给自足的阶段性跨越。

水平定向钻技术是按照设计线路和穿越曲线等钻进一个相对口径较小的导向孔，然后扩孔至工程设计方案大小，最后回拖铺管建设。该项技术被广泛运用至管道穿越工程建设，建设场地不受江河、地表建筑物和地铁、公路等线型工程的影响。

水平定向钻施工技术主要包含以下五个方面。

（1）扩孔技术。从传统的扩孔技术，发展到正向扩孔技术；从常规的岩石扩孔技术，发展到硬岩动力扩孔技术；从单钻机扩孔技术，发展到两台钻机同步扩孔技术。

（2）回拖技术。从传统的回拖技术，发展到夯管助力、推管助力、二接一（多接一）回拖等。

（3）钻井液技术。高效膨润土的应用，解决了加入多种添加剂时搅拌不均匀问题；定向钻正电胶钻井液体系的开发，提高了钻井液的流变性和悬浮能力，有效解决了低流速下大颗粒钻屑携带困难的问题；钻井液对注技术的开发应用，在穿越的入、出土点同时向孔内注浆，增加了钻井液排量，提高了流速，增强了携砂能力。

（4）导向孔施工技术。普遍采用对接穿越技术，采用两台钻机，即主钻机与辅助钻机，同时从两端钻进，在中间实现对接。

（5）控向技术。目前，常用的控向技术分为无线控向和有线控向两类。有线控向信号比较准确，但受控向线质量、泥浆的影响比较大；无线控向受地形和穿越深度的影响比较大。为了优化控向精确度，提出了联合控向的新技术。将有线与无线相结合，提高了钻进的精确性。

水平定向钻装备智能化发展是对控向技术进行智能化升级。水平定向钻装备主要关键技术包括快速钻进、高精度定位、随钻感知、导向纠偏，其主要组成部分包括钻机、钻具、仪器、注浆设备等。当前的导向钻具、测试工具和作业控制都日趋智能化，监控系统正由单一工具的智能化向整套系统智能化的方向发展。钻进轨迹根据随钻参数系统的测量结果来进行自动调整。随钻系统主要测量钻孔倾角、方位角、工具面向角、地层压力、地层密度和中子孔隙度等值，通过上述参数可以实时掌握钻孔状态和地层特性，但是随钻系统受到工程地质环境扰动影响较大，高精度监测仪器受到高温、动力撞击和电磁干扰等影响，同时数据量过大都对数据处理带来困难。因此，钻具工艺升级改造的同时，5G、机器学习、人工智能等被运用到随钻系统的信号接收和数据处理中，通过开发人工智能学习算法，通过对数据的分析判断，自动输出调整指令，极大提升了定向钻钻进路径精确性。

2）智能盾构装备

盾构机是管道盾构隧道穿越施工主要施工装备。多年来，虽然盾构自动化施工技术水平不断提高，但信息化、智能化方面存在以下问题。

（1）盾构掘进地质与设备信息感知不足。目前盾构施工过程中的设备状态感知在多项工程中得到成功应用，如刀具智能诊断系统、盾尾密封安全预警系统、超前地质预报系统。但随着开挖地质复杂多变，需要及时调整施工过程，设备数据共享、多系统协调、多目标优化及施工参数自适应动态调控等还未成熟应用，需要开发智能采集终端及配套软件自动采集数据，并结合多系统异构数据，进行多源信息融合的安全预警，及时获得客观合理的评价。

（2）盾构掘进数据挖掘分析不到位。在盾构掘进过程中，会产生大量施工数据，同时也积累与盾构施工相关的知识和经验，但由于缺乏合适的信息管理平台，无法对海量、参差不齐的施工数据进行分类和管理，应从海量数据中寻找规律，对可量化的盾构掘进参数指标进行统计分析和监测预警，从而减少盾构施工事故，确保施工安全推进。

（3）盾构掘进决策控制不科学。目前各系统的状态感知功能可提升数据采集、展示和信息共享等方面的效率，但在数据采集方面还存在数据标准不统一、难以自动处理分析数据等问题。在数据应用方面存在人工处理分析效率低下，决策定性分析较多、定量较少，决策过程与现场数据结合不紧密，决策过程效率低、难以抓准管控重点、分析准确度不高等问题。

（4）盾构高质量施工的影响因素复杂多变。影响盾构高质量施工的因素主要有复杂的施工工艺流程、较多的外部施工因素，如艰苦的作业条件、复杂的地质环境、劳务作业人员老龄化、较高的操作经验和素质要求、施工标准不一等。上述因素可造成地面隆起、沉降、隧道渗漏和管片破损、非正常停机、设备损坏等事故，从而降低施工效率、增加建设成本。因此，鉴于以上问题，提高隧道安全性、加快施工进度、节约人力成本，高效提高隧道施工智能化，是盾构隧道行业一直探索研究的主要方向。

目前，世界主要工业国家在盾构装备智能化方面已经取得了很多成果，日本、法国等在盾构智能化研究领域起步较早，但国内也多有建树。目前的盾构装备智能化发展方向主要包含以下四个方面。

（1）智能感知与检测研究。通过加装或配套智能化的传感器等感知设备，实时反馈设备工况和运行状态。

（2）盾构智能控制研究。采用模糊理论和人工智能技术开发盾构自动掘进系统，通过控制出土量、线流纠偏量等实现盾构自动操纵管理。

（3）智能导向研究。运用陀螺仪对盾构进行方位检测，能自动测量方位角和倾斜角，实现盾构位姿管理。

（4）管片自动拼装技术研究。采用光学图像、激光与传感器检测技术，研制管片自动拼装机器人，实现全自动化管片拼装。

综上可知，智能机器人、传感技术、人工智能、5G 技术、物联网等技术正逐步与盾构装备和施工技术相结合，能够实现装备的状态感知、管片少人拼装、自动掘进辅助决策等功能，但在自主掘进、智能决策、智能感知方面仍有待提高。为实现盾构从设计、施工到运维等全生命周期的数字化与智能化转变，地下空间开发从经验性、定型化向科学性、定量化转变，需要从以下三个方面实施：（1）全面感知，采用轨道机器人、激光雷达、电子传感器、智能图像、光纤技术、三维激光扫描仪等提高盾构机智能化检测水平；（2）平台整合，通过平台实现对人、机、料、法、环、测全流程的业务覆盖与全要素数据管理，通过数据中台，实现多业务平台间的数据贯通与共享；（3）智能决策，经过人工智能、大数据分析、物联网等技术，开发基于数据分析的掘进状态识别系统与智能操控平台，具有对所在地层进行自动识别并自主决策的功能。

#### 5. 智能内检测装备

管道内检测技术是通过载有无损检测设备和信号采集、处理及存储系统的智能型清管器，以管内输送介质为行进动力，对管道腐蚀、变形以及裂纹程度进行在线监测的技术。管道内检测是管道完整性评价的重要手段，可获得内检测数据。通过内检测数据的对比，可以对管道基础特征、管道缺陷、管道坐标等进行分析。对管道的管理和实时监控具有重要意义。在工程建设中，管道内检测一般用于竣工验收前检测。

### 四、智能工地

智能工地是指利用物联网、大数据、云计算、人工智能、数字孪生等新一代信息技术，对传统施工工地进行全面信息化和智能化改造升级的新型管理模式。通过各类传感器、监控设备、智能穿戴设备、移动终端以及先进的数据分析系统，实现施工现场的人、机、料、法、环等全方位、全过程的实时监控、动态管理与科学决策。目前，在石油石化行业，中石化、中石油等企业相继对施工建设阶段提出了智能化的要求。国家管网集团的成立对于国内的油气供应形成了统一的战略布局和规划，也积极出台了智能工地建设指南等系列文件，规范智能工地建设。在工程建设阶段，提高智能化水平是大势所趋，也是提高管理水平和效率的现实要求。

## （一）需求分析

根据工程建设要求，智能工地的应用需求主要包含以下五方面的内容。

### 1. 满足国家管网集团高质量发展需求

为满足国家管网集团在长输管道、储气库、LNG 接收站等多个业务领域及复杂环境的现场工程建设中的管理需求，开展项目群现场关键施工要素的数字化、可视化"一张图"的远程管理，为实现国家管网集团的数字化转型、打造一流企业奠定坚实的技术底座。

### 2. 工程建设现场安全管控需求

油气管网建设点多、线长、面广，所经区域地形地貌复杂，对工程建设的安全管理提出了较高的挑战。以项目现场安全生产、人员人身安全保障为目标，以安全管控为核心，将新一代信息技术应用于施工现场，进行视频智能分析、受限空间人员定位，可识别安全隐患、预警重大安全风险、严防环境污染事故，采用先进高效的安全管控手段，避免安全事故发生。

### 3. 工程建设现场人、机、料综合管控需求

通过二维码、RFID 等物联感知技术，将工程建设现场的人员、机具设备以及材料，进行综合管控，实现人员位置定位，机具设备位置定位及运行状态监控，材料的物流信息、仓储管理以及现场安装位置定位等功能，满足工程现场人、机、料综合管控的需求。

### 4. 现场工地远程数字化管控需求

利用物联网技术，实现了工程建设现场人、机、料的综合管控、焊接过程数据采集以及人员不安全行为等信息的采集，通过智能工地物联网平台的建设，开展人/机/料数据、工程建设数据、焊机/防腐机具等工况数据、视频数据、环境数据等的采集、传输及存储，并实现上述数据的历史追溯、阈值报警、视频智能识别等功能，为管网建设提供辅助决策，最终实现对现场施工环境的实时监控与质量管理。

### 5. 移动应用业务需求

移动应用打破了传统的空间限制。在建设阶段，通过手持移动端实时采集施工数据，使企业决策者、领导者第一时间了解项目建设进度、现场施工情况，辅助项目管理。

## （二）建设目标

以数智赋能为引领，充分利用当前物联网、云计算、大数据、人工智能等先进技术，赋能国家智慧管网建设各项业务，建设智能工地应用，实现施工数据自动采集、施工智能监控、风险自动识别、质量主动校核、智能管理决策，提升施工现场管理的可视化、智能化水平，逐步减少现场人员工作量，降低工程建设成本，提高国家管网集团的核心竞争力，满足高质量发展的需求。

## （三）技术内容

建立以工业互联网平台为基础的智能工地云平台，在边缘层加强工程现场的智能感知能力，实现施工过程数据采集和监控，建立统一的基础设施、数据中心，以适应工程组织机构的灵活调整和业务拓展。根据业务需求开发不同场景的工业APP，满足工程全过程可视化、数字化管理以及工程数字化交付要求。

（1）通过物联网边缘处理技术，对施工现场人、机、料、法、环等环节建立更准确、及时、全面的数据采集方案，采集数据经智能化处理，可为焊接的智能管理、工艺、工法的优化固化，为施工过程的安全预警、质量提升提供有力支撑。

（2）根据业务发展需求，开展焊接智能管理系统、现场视频智能识别、智能工地平台以及大数据挖掘等方面的工业APP开发。

围绕油气管网工程项目工程建设管理，建立支撑现场管理、互联协同、智能决策、数据共享的管理机制，实现信息技术与现场管理深度融合的新型施工管控模式。智能工地功能应包括智能感知、关键工序智能化管理和智能识别分析三项主体功能。

（1）智能感知。功能应涵盖视频影像自动采集、焊接工况自动采集、防腐工况自动采集、大型施工机具设备运行参数自动采集、环境信息自动采集、人员信息位置自动采集、二维码数据自动采集等。

（2）关键工序智能化管理。功能应涵盖焊接全流程管理、无损检测全流程管理、防腐补口全流程管理、下沟全流程管理、高危作业风险识别与技术交底全流程管理等。

（3）智能识别分析。功能应涵盖重点区域进出人员智能识别分析、施工质量在线分析、施工现场不安全场景识别分析、影像文字识别、施工资源预测预警、设备故障在线监测等。

### （四）技术路线

基于"端、边、云、网、智"的新一代信息化、数字化、智能化的技术理念，利用工业互联网的技术架构，实现国家管网集团智能工地云平台的搭建（图3-3-2）。

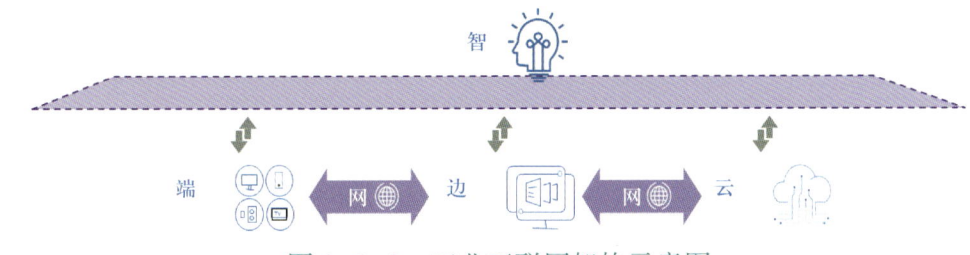

图 3-3-2　工业互联网架构示意图

端，即边缘端的边缘设备。应用移动物联网及感知技术，对施工现场信息、显示等各类设备进行数据采集，其中包括工地现场焊机、摄像头、各类传感器等，从而实现对施工现场的各类信息进行传感、采集、识别、控制等。

边，即边缘计算，负责对端的设备进行数据的采集、计算和存储，并且是带有 AI 能力的计算。

云，即云端的平台层（云平台），包括了我们通常所说的基础设施即服务（Infrastructure as a Service，IaaS）、平台即服务（Platform as a Service，PaaS）、软件即服务（Software as a Service，SaaS），是工地数据的最终汇聚、计算和存储，并对外提供服务的核心平台。实现施工现场管理业务的应用，包括工程信息管理、人员管理、进度管理、质量管理、安全管理、物料管理等。

网，即整体解决方案的网络环境，通过现场 WiFi 组网、4G 网、5G 网等通信技术，实现对施工现场的各类感知的结构化、非结构化以及混合型数据类型进行传输。

智，以"端—边—云—网"为基础，利用人工智能、大数据等技术实现现场质量、安全的预测预警预判，提升项目管理的智能辅助决策能力，提高管理效率。

该技术框架有两大核心特点。

（1）提高工地的全面感知能力：采用各种感知技术和物联网技术对施工现场的环境、设备、材料、人员、施工过程、施工工艺等进行全面的数据采集以实现数字化和模型化，建立全方位的工地模型、全视角的管理业务模型，构建可实时反映现场状态的二三维可视化的数字工地。

（2）提高实时智能能力：在云平台中沉淀数字模型、规则、知识与方法，形成平台中的智能大脑，对源自施工现场的事件信息进行实时计算与智能分析，自动识别已经发生、正在发生或即将发生的异常，及时推送预测预警信息及智能处置建议，在全面感知工地状态信息的基础上辅助施工运营决策。

## （五）总体架构

基于工业互联网平台的智能工地云平台架构如图 3-3-3 所示。

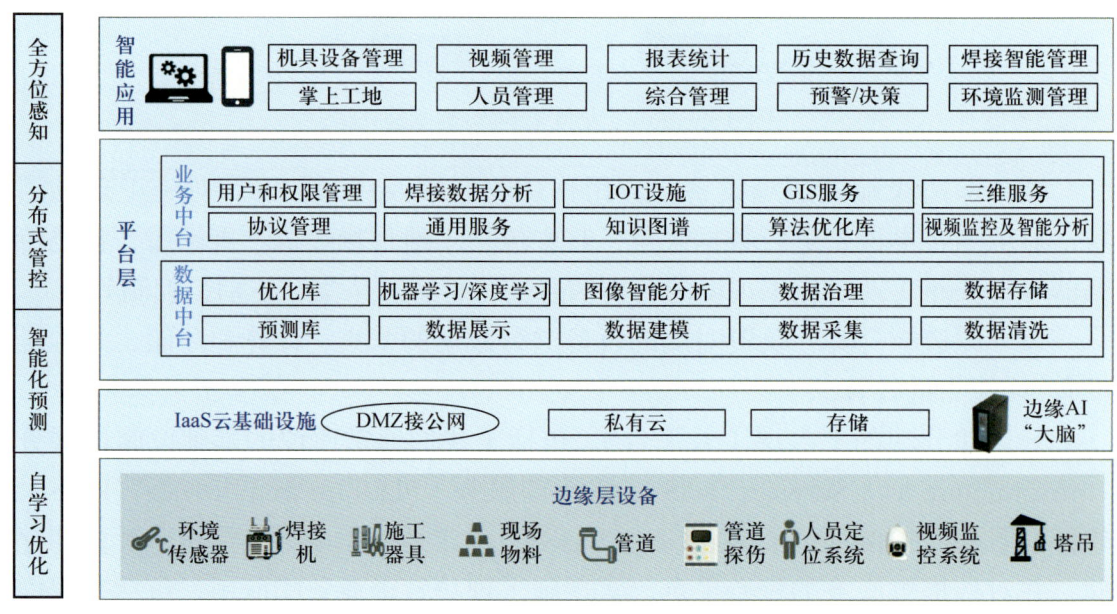

图 3-3-3　智能工地系统总体架构示意图

### 1. 边缘层

设置边缘处理一体机，在边缘层部署各类现场使用的子系统及传感设备，如手工/半自动/自动焊机、防腐设备、环境监测设备的数据采集、人员定位、视频监控及智能分析、环境监控等，然后通过现场部署的物联网边缘网关及边缘 AI"大脑"设备，负责现场数据的统一采集。

多个物联网边缘网关，将数据通过公网、4G、5G 等方式统一上传至云平台。

### 2. 平台层

依托于平台层的搭建，通过微服务的敏捷开发应用能力，快速地开发部署各类前端业务的智能化应用。

### 3. 应用层

应用层可实现机具设备管理、焊接管理、人员管理、环境监测管理等管理功能，并集成桌面端和移动端应用。

在统一的平台架构下，建立安全施工智能化管控方案，将现场各类数据通过 4G/5G 网络和国家管网集团内网传至数据中心，通过互联网统一出口发布互联网应用。安全施工智能化系统架构如图 3-3-4 所示。

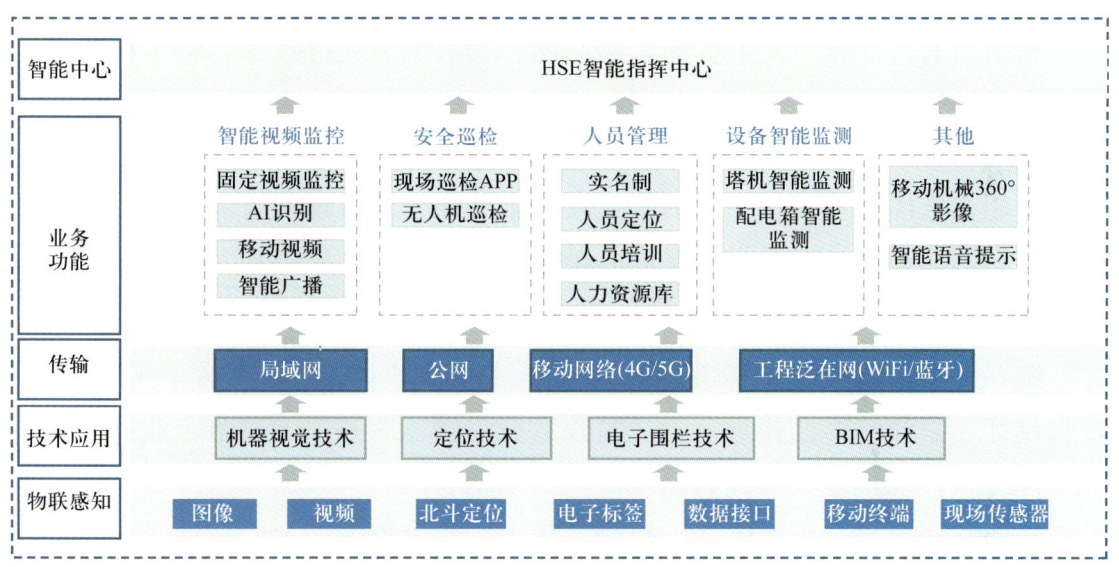

图 3-3-4 安全施工智能化系统架构示意图

## 五、工程智能管控

对于油气管网工程建设智能管控的实现，需打造一套标准化、数字化、智能化的体系，通过建设统一业务流程，建立和完善技术标准和数据标准。将项目管理的重点指标进行数字化分解和数字化体现。参考行业当前的智能化水平，以及国家的相关评判标准，分解管网智能化管理的一些指标体系，构建一个智能化建设的成熟度模型，为工程建设团队各方提供一套统一、标准的项目协同管控平台，促进工程项目管理流程的标准化和规范化。

### （一）需求分析

对工程数据、信息和作业行为进行全面感知、分析、展示和监控，通过数字化赋能，构建工程建设数字业务，加强资源共享和管理协同，从人、机、料、法、环等方面优化管理模式，提升工程建设项目的精细化管理水平，提高工程建设质量，逐步减少现场人力投入，降低工程建设成本，最终达到数据自动感知、业务协同管理、现场可视可控、智能分析预警的工程项目管理模式，全面支撑油气管道、LNG接收站和储气库工程项目一体化协同管控，推动智慧管网建设。

#### 1. 数字化及智能化需求

利用当前云计算、人工智能、物联网、大数据等先进技术，将工程建设过程中采集的数据进一步整理、开发和应用，以数字化赋能方式嵌入主要施工环节和施工场景中，形成技术—业务—数据三者的动态循环，培育新的数字化业务，实现业务优化与变革，包括全要素数据感知、施工现场智能监控、安全状态智能识别、质量验收智能检查、工程量智能测量、不符合项智能预警等。

#### 2. 标准化及一体化需求

统一业务流程、技术标准、数据标准，基于国家管网集团数字平台底座，接收设计、采办数据，并与施工、验收数据关联、对齐，同时整合业务数据并与实体挂接，优化升级现有数据模型，借助物联网、大数据、人工智能，打造工程建设数字模型。实现设计、采办、施工、验收数据的全面贯通，通过设计数据驱动采办和施工业务，在施工过程中将相关数据回流给设计和采办，实现业务一体化协同管理。

#### 3. 管理决策及分析需求

结合工程建设项目管理需求，根据各类工程建设特点以及不同场景下的知识利用方式，综合考虑管理、技术、科研等不同业务类型知识的关联、整合与共享，进行知识建模、知识获取、知识存储和知识应用，最终赋能数据科学管理，构建"数智大脑"，统筹全局和海量数据，通过可信、可用的已知数据推演未知的风险，进行预测预警，快速作出决策和执行决策，实现知识高效管理、精准检索、智能推荐，向上指导项目决策，向下指导工程施工，为工程建设项目管理提供创新驱动力。

4. 油气管网工程业务需求

管道工程业务作为线性工程，需结合 GIS 技术，将整个工程进度计划与多方面的因素进行组合，形成一个直观可视的进度计划模型，并整合到进度计划可视化的"一张图"中。需要对线性工程的项目综合进度完成情况、标段完成情况、工序完成情况等进行展示。

## （二）技术内容

融合建设期管网几何模型、数据模型、机理模型及业务模型，构建建设期数字孪生模型，能够实时感知物理管网的建设动态，并基于业务特征算法模型，进行资源优化部署、风险预警预测和智能评判决策。通过工程建设一体化协同管理应用，规范管理流程，通过平台数据跟踪业务动态，用数据监控业务状态，指导业务管控，实现工程项目建设业务的集成共享，管控一体、协同优化。

基于模型的工程建设一体化管控包含建设期数据治理、业务全过程协同管理、建设期数字孪生体同步构建与应用、建设期过程仿真、工程建设全过程数字化交付等多项关键技术。

### 1. 建设期数据治理

数据治理是建立在数据采集、存储、利用、服务和处置基础上的一系列目标策略、组织体系、制度流程和工具赋能，以期通过持续评估、指导和监督活动实现数据资产管理和数据价值创造的技术和管理过程。

建设期数据源头不一、时间跨度大，要使数据统一在一个数据模型框架下，必须开展建设期数据治理工作。数据治理系统一般包含数据标准管理、元数据管理、数据质量管理、数据资产管理、数据安全管理等功能模块。数据治理方案将数据作为一种特殊的资产进行管理，对建设期的数据进行标准化的规范约束，并以元数据作为驱动，连接数据的标准管理、质量管理、安全管理的各个阶段，形成统一、完善的数据治理体系，以解决实际业务问题为导向，增强数据治理系统对业务发展的支撑能力。数据治理数据包含设计数据（静态模型、属性数据、计算机理）、采办数据（采办进度及过程关键信息）、施工数据（进度及过程中的关键信息、视频监控、焊口检测等检测信息）及编码数据等。

### 2. 业务全过程协同管理

如前文所述，工程建设体系是由若干相互联系、相互作用的单元组成的系统。从狭义上讲，协同是指系统内部各组成单元要素之间的和谐状态；从广义上讲，协同是指工程建设系统内外部资源之间达到和谐的状态。

油气工程建设的一个重要特征就是碎片化，主要表现在以下两个方面。

一是油气工程建设各专业之间沟通与协调困难。现代工程规模日益扩大、功能越来越丰富、复杂性越来越高，专业领域分工越来越细，如工程勘察、工艺设计、线路设计、建筑设计、结构工程、给水排水工程、暖通与空调工程、机电工程，以及涉及管道运行的控制系统与通信系统等，各专业之间沟通协调困难，各专业之间往往容易出现各种冲突和错误。

二是油气工程全生命周期各过程之间的信息沟通与传递不畅。工程建设活动从规划、设计、采购、施工到运行维护，有着清晰的阶段划分，各个阶段的活动应该是相互联系、相互支撑的有机整体。但是，由于多方面的制约，工程建设过程之间的信息遗失、信息误读、信息延迟、信息失真等现象普遍存在，严重影响各阶段活动的有效衔接。

油气工程建设各专业组织之间协调不畅与工程建设全生命周期过程的不连续，这两个问题叠加，使得整个油气工程建设系统碎片化。面对易变性、模糊性且充满不确定性的工程建设系统，参与工程建设的主体很难有效沟通和协作，应对各种不确定性风险与挑战，从而导致工程信息采集与交互成本增加、工程变更或返工频发、工程质量低下和工程功能缺失等问题。智慧管网工程建设面向建造活动的全过程、全要素、全参与方，在每个阶段经过智能化提升，可以分别实现阶段内部的信息集成和单点技术应用，但这种局部式的解决方案会让油气工程建设失去从整个建设流程与行业提取数据的能力。只有打通各阶段的数据壁垒，实现跨阶段的数据交互和反馈，形成新的业务逻辑，才能实现管网建设的智慧化。智能化系列技术与工程建设有机融合形成的一体化集成技术，为应对油气工程建设的协同难题提供了可能，能够使油气工程建设的组织方式从专业协调不畅和过程不连续走向集成协调和一体化。

要实现油气工程建设的全过程、全要素、全参与方的大协同，参与工程建造的各专业主体可以采用一致的工程语言，对工程实体和建设过程进行定义，建立统一的数字模型，打造基于模型的系统工程，各专业主体可以在数字化设计与管理平台上，统一数字化产品模型，高效协同工作，及时协调工程建造活动中可能出现的各种矛盾和克服点对点信息交互方式造成的信息延时、失真和缺失等弊端。同时，基于模型的系统工程可以克服工程建设过程中信息不连续的弊端，实现工程设计、采购、施工与运行维护服务一体化，推动实现工程数据资源的价值增值。

依托油气工程全生命周期数据管理与信息集成，利用各种嵌入式和移动式计算技术，将参与工程建设的人员、设备、物料、工艺方法、环境因素转变为系统要素或单元，实现工程全生命周期的智能化运作。与此同时，通过建立各业务过程的信息联通与反馈机制，实现覆盖管网工程全生命周期的实时管理、协同控制，将工程集成为一个有机整体。

### 3. 建设期数字孪生体同步构建与应用

建设期数字孪生体的构建是与管网工程建设过程同步进行的。以数字化集成设计成果为基础，构建油气管网数字孪生体数据基座，此时基本确定几何模型和数据模型的框架。随着工程的推进，设计变更数据、采购信息数据及施工数据通过前端感知，被不断收集并融入数字孪生体，在数据治理基础上不断更新和丰富数字孪生体数据内容。但此时要实现数字孪生体的智能化应用，还应该进一步融合建设期业务模型和机理模型，构建动态的建设期数字孪生体，通过工程实体与数字孪生模型的双向数据交互及信息融合、迭代优化，增强对工程实体的实时控制。通过感知系统收集和共享大量感知数据，通过大数据分析工具访问感知数据库，获得快速准确的决策，实现真实空间物理建设过程的实时监控与数字孪生同步，打通物理世界和虚拟世界的连接，能够实现建设期信息管理、冲突检查、进度管控、安全管控及建设过程仿真等一系列智能化应用。

### 4. 建设期过程仿真

施工过程仿真是工程建设数字孪生体系的重要应用，衔接工程设计与施工过程管理。基于施工过程仿真模拟打造的"项目大脑"，按照"数据+算力+算法"的运作范式，遵循数字孪生中"描述—诊断—预测—决策"的服务机理，具备模拟推演、计划排程、风险防控等功能，可实现全过程、全要素和全方位的高效协同和沉浸式体验。通过施工虚拟推演建立的数字孪生体，在运维期对设备检维修、改扩建同样具有重要意义。

通过对"人、机、料、法、环"等关键要素模型的构建，可实现快速部署虚拟施工场景，在虚拟空间中实现施工过程仿真模拟、高风险作业可视化优化论证等应用，通过可视化方式排查、识别和评估作业风险，辅助管理人员做出正确决策，提高工程建设施工质量和效率，降低成本，保障工程施工安全高效。建设期过程仿真主要技术内容包含以下五项。

1）三维可视化施工场地快速部署

基于工程总图与孪生体关键要素模型，在统一的三维虚拟环境中快速部署施工场地，同时充分结合实际工程施工场地特点及约束条件，及时纠正场地不合理部署情况，实现施工场地快速部署、精确展示及检查优化。

2）施工方案仿真验证

通过与计划管理软件的数据集成，开展基于三维模型施工计划的 4D 排程。在此基础上，将人员、机具、施工对象等要素融合按照施工工序进行仿真，通过冲突碰撞检查等模拟反馈，寻找施工方案中存在的漏洞，以便制定更加完善的施工方案，从而实现降低返工率、节约工程时间及经济成本的目的。

3）施工进度模拟优化

基于真实施工进度数据，实时模拟仿真，在精准掌握施工进度的同时，预测施工的重点难点，并提前进行资源匹配。

4）施工资源优化配置

对油气管网建设方案，在特定约束条件下从人员、机具、进度及成本方面分析施工作业合理性。通过科学管理和技术手段，对各类施工资源进行合理分配和调度，优化施工资源配置，以实现资源利用最大化，降低成本，提高效率，确保工程项目的顺利实施及按期完成。

5）高风险复杂作业过程仿真

通过计算机虚拟仿真技术模拟施工高风险复杂作业环境和工作流程，以预估、分析和优化作业流程。通过对作业过程中可能发生的各种危险情况进行模拟，评估风险等级，找出安全薄弱环节，排除高风险复杂作业隐患，提前制定预防措施；能够仿真对比不同作业方案，选择最优解；通过对作业流程的仿真分析，发现瓶颈环节，优化资源配置，改进作业程序，提高整体工作安全性和效率。

### 5. 工程建设全过程数字化交付

基于数据链逻辑的油气管网工程数字化交付，是以数字化设计、数字化采购、数字化施工等产业链业务为基础，通过数据采集、数据存储、数据交付、数据使用、数据管理等环节，实现产业链数据的分层交付。数字化交付，是形成不同企业数据应用和数据资产管理的先决条件，并且不同层级、不同职能的实体工程建设者和管理者，对交付的数据使用与管理的诉求不尽相同，因而形成了基于不同层级、不同管理诉求的数据仓库和管理应用（平台或软件）。

设计数字化交付数据是建立油气管网数字孪生体的基础。通过建立以工程对象为中心的属性化、参数化、可视化的交付方式，将工程设计产生的数据，进行结构化处理，建立以工程对象为核心的网状关系数据库，存储于工程数据中心，并基于统一的数据接口完成数据交付，形成构建油气管网数字孪生体的数据资产。在采购及施工阶段，在既有数据治理框架下，数据经采集后，直接与数字孪生模型挂接，充实孪生体数据骨肉；工程竣工后，统一交付包含所有工程数据的孪生体。这样就实现了过程数据采集即交付的过程，避免了大量的人工工作，提高了数据秩序与交付效率。

## 第四节　智慧管网评价体系

### 一、概述

智慧管网建设是一项跨行业、跨技术领域的系统工程，涉及技术要素、应用领域众多。当前智慧管网在油气管道智能化建设、运行和在役管道升级等方面已经取得了一定的成熟经验，比如中缅管道、中俄东线等，但各条长输管道仍存在智能化水平不一，性能、功能指标不统一，建设情况复杂，管理运行难度大等问题。因此，有必要结合管道业务管理模式和工程建设实际，在对智慧管网建设产生重大影响的原则问题上形成科学统一的认识，建立可以系统评估智慧管网智能化水平的方法，对智慧管网更高质量的系统推进起到支撑作用，指导智慧管网建设与运行工作系统、完整、协调一致地开展，协助完成数字管道向智能管道和智慧管网的演进。

### 二、成熟度评估方法国内外现状

#### （一）能力成熟度评估基本模型

##### 1. MBE 模型

美国国家标准及技术协会（National Institute of Standards and Technology，NIST）提出从基于模型的定义（Model-Based Design，MBD）到基于模型的企业（Model-Based Enterprice，MBE）的跃升。其要义是，模型驱动贯穿系统生命周期的各个方面和领域，一次创建可为制造、服务等所有下游重用。

美国国家标准及技术协会按路径选择以及需要的能力将 MBE 分为七个等级，见表 3-4-1。

表 3-4-1  MBE 评级

| 级数 | 主要内容 |
|---|---|
| 0 级 | 以图纸为中心；<br>不连贯的制造，不连贯的企业；<br>主要可交付物：2D 图纸 |
| 1 级 | 以模型为中心；<br>中性模型计算机辅助制造（Computer Aided Manufacturing，CAM），不连贯的企业；<br>主要可交付物：2D 图纸和中性 CAD 模型 |
| 2 级 | 基于模型的定义；<br>中性模型 CAM，不连贯的企业；<br>主要可交付物：3D 注释的模型和轻量化试图 |
| 3 级 | 基于模型的定义；<br>集成的制造，不连贯的企业；<br>主要可交付物：3D 注释模型和经由产品生命周期管理的轻量化试图 |
| 4 级 | 基于模型的定义；<br>集成的制造，内部集成的企业；<br>主要可交付物：数字产品定义包和自动生成技术数据包 |
| 5 级 | 基于模型的定义；<br>集成的制造，供应链集成的企业；<br>主要可交付物：数字产品定义包和经由网络的自动生成技术数据包 |
| 6 级 | 基于模型的企业；<br>MBD 生成自动生成技术数据包（Technical Data Package，TDP）和基于需求的企业数据访问；<br>主要可交付物：通过 WEB 访问的数字化产品定义和自动生成技术数据包的交换机制 |

### 2. CMMI 模型

能力成熟度模型集成（Capability Maturity Model Integration，CMMI）是由美国卡耐基梅隆大学软件工程研究所组织全世界的软件过程改进和软件开发管理方面的专家开发出来并在全世界推广实施的一种软件评估标准，用于评价软件承包能力并帮助其改善软件质量。

CMMI将产品开发过程的能力成熟度分为五个等级。能力成熟度越高，代表产品开发过程越成熟，项目的产品开发管理能力越强，最终产品质量越高，如图3-4-1所示。

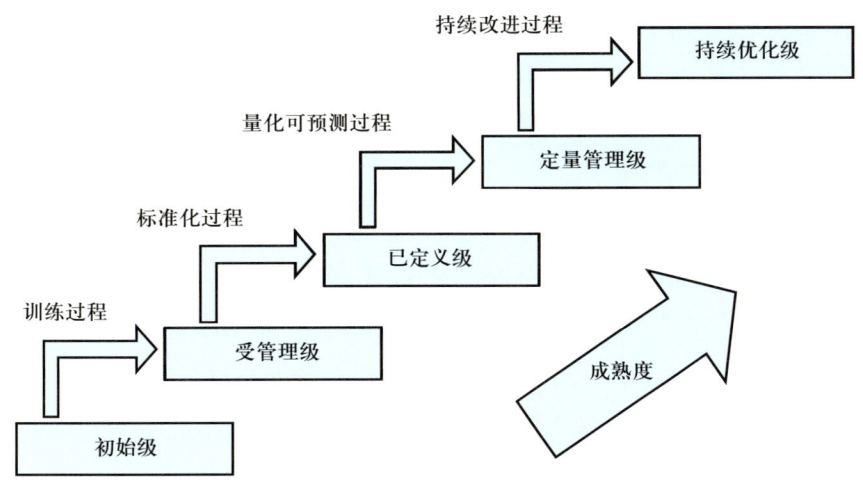

图 3-4-1　CMMI 等级模型

第一级：初始级。处于这一级的企业的产品开发项目的开发过程是不稳定的，结果是不可预测的，企业在研发项目的管理方面处于被动地位。

第二级：受管理级。企业在二级水平上体现了对项目的一系列的管理程序。处于这一级的企业在项目管理上能够遵守既定的计划与流程，进行资源准备且权责到人，对项目成员进行相应的培训，监测与控制整个流程，并同上级单位对项目与流程进行审查。

第三级：已定义级。处于这一级的企业已经从所实施的产品开发项目中抽象出了一套定义清晰的标准项目研发过程，能够以标准开发过程及相关过程资产为基础，通过"裁剪"定义出适合于特定项目的开发过程。

第四级：定量管理级。企业的项目管理在原有三级的固定制度的基础上实现了数字化与量化的管理。

第五级：持续优化级。处于这一级的企业不仅能够通过数字化及信息手段进行项目管理，而且能够充分利用信息资料，预防企业在项目实施的过程中可能出现的问题及风险，能够运用新技术主动改善流程，实现流程的持续优化。

### （二）国外工业领域智能化成熟度水平评估模型

#### 1. 美国制造成熟度模型

制造成熟度（Manufacturing Readiness Level，MRL）是美军用于控制制造

风险的项目管理工具。它基于美国及欧洲国家的装备采办中使用的技术成熟度，同时加强了对装备生产的经济有效性的评估，以提升采办过程中科学技术转化的效率，使新技术能更快地应用到武器系统中，形成完整的成熟度评估体系，对产品生产的经济有效性进行定量化评价。

制造成熟度 10 个等级分别如下。

MRL1：确定制造的基本含义；

MRL2：识别制造的概念；

MRL3：制造概念得到验证；

MRL4：具备在实验室环境下制造的技术能力；

MRL5：具备在相关生产环境下制造零部件原型的能力；

MRL6：具备在相关生产环境下生产原型系统或子系统的能力；

MRL7：具备在典型生产环境下生产系统、子系统或部件的能力；

MRL8：试生产线能力得到验证，准备开始小批量生产；

MRL9：小批量生产得到验证，开始大批量生产的能力到位；

MRL10：大批量生产得到验证和转向精益生产。

2. 美国智能制造就绪度水平评估模型

智能制造系统准备水平（Smart Manufacturing System Readiness Level，SMSRL）是一种衡量制造公司使用智能制造概念的准备程度，并假设智能制造本质上是密集使用信息和通信技术来提高制造系统性能的指标。该评估模型包括战略、领导、客户、产品、运营、文化、人、治理和技术等九个维度 62 个评估指标。在这个成熟度模型中，通过对每个封闭式问题使用利克特（Likert）5 点尺度进行评估调查，经调查结果计算加权点，确定公司智能制造就绪度。

3. 德国工业 4.0 就绪度指数

该指数将制造企业工业 4.0 就绪度水平分为外来者、初学者、中级（或学习者）、经验丰富的专家和最终表现最好的人等五级，包括组织战略、智能工厂、智能操作、智能产品、数据驱动的服务、员工等六个维度和 18 个项目。

4. 新加坡智能产业准备指数

新加坡经济发展委员会 2017 年推出新加坡智能产业准备指数，旨在评估各种工业应用和企业规模。工业智能指数（Smart Industry Readiness Index，

SIRI)包括三个维度(流程、技术和组织)和八个重点支柱(运营、供应链、产品生命周期、自动化、互联性、智能化、人才就绪度、组织结构与管理),这些支柱被进一步划分为16个评估指标,代表了一个组织的重要组成部分。该指数提供了一个评估矩阵,公司可以根据16个指标来评估其当前的流程、系统和结构。

### 5. 普华永道工业4.0就绪度评估模型

普华永道构建的工业4.0就绪度评估模型基于四个阶段及七个维度建立。四个阶段为数字新手、垂直集成商、横向合作者和数字冠军阶段,七个维度为数字业务模型和用户参与、产品和服务产品的数字化、垂直和垂直的数字化和集成水平价值链、数据和分析为核心功能、敏捷的IT体系结构、法规遵从性安全法律和税收、组织员工和数字文化。

普华永道使公司能够在线评估其行业4.0的成熟度,并通过在线自我评估工具绘制他们的结果。在评估的最后阶段,普华永道为公司提供行动计划,使其成功达到行业4.0成熟度。

## (三)国内工业领域智能化成熟度水平评估模型

### 1. 智能制造

《智能制造能力成熟度模型》(GB/T 39116—2020)及《智能制造能力成熟度评估方法》(GB/T 39117—2020)创新性地结合我国企业发展实际提出了智能制造能力成熟度模型。模型由维度、类、域、等级和成熟度要求等内容组成,维度、类和域是"智能+制造"两个维度的展开,是对智能制造核心能力要素的分解。等级是类和域在不同阶段水平的表现,成熟度要求是对类和域在不同等级下的特征描述。该模型架构可分解为人员、技术、资源和制造四大类能力要素,具体评价指标体系如图3-4-2所示。成熟度评估模型对每个域进行分级,每一级别对应相应的要求,构成智能制造能力成熟度矩阵。

成熟度等级定义了智能制造的阶段水平,描述了一个组织逐步向智能制造最终愿景迈进的路径,代表了当前实施智能制造的程度,同时也是智能制造评估活动的结果,智能制造能力成熟度模型共分为五个等级,如图3-4-3所示。

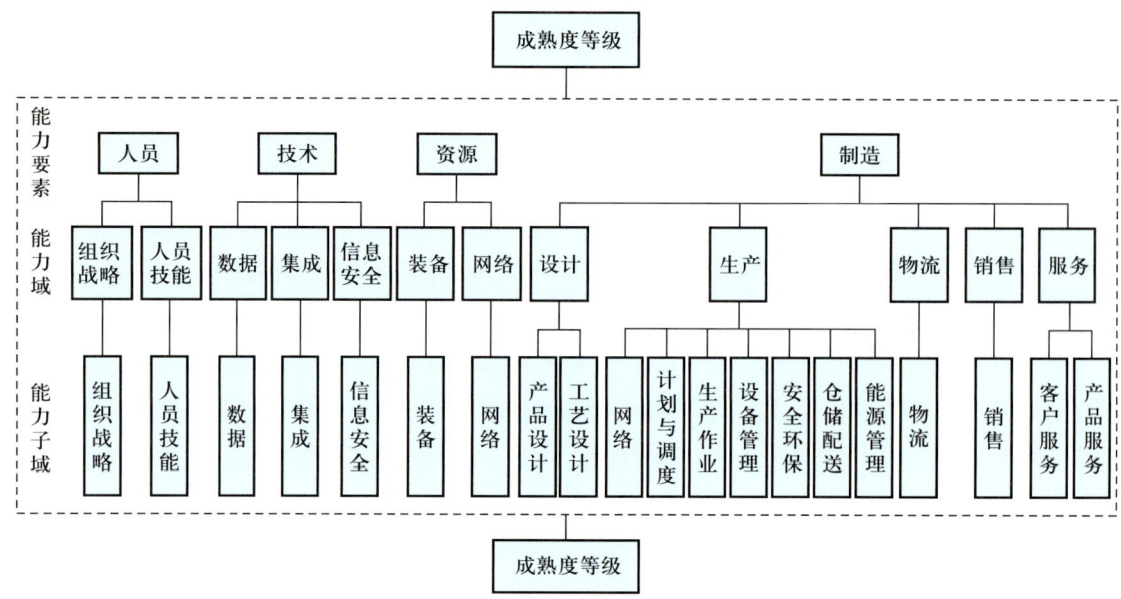

图 3-4-2　智能制造能力成熟度评价指标体系

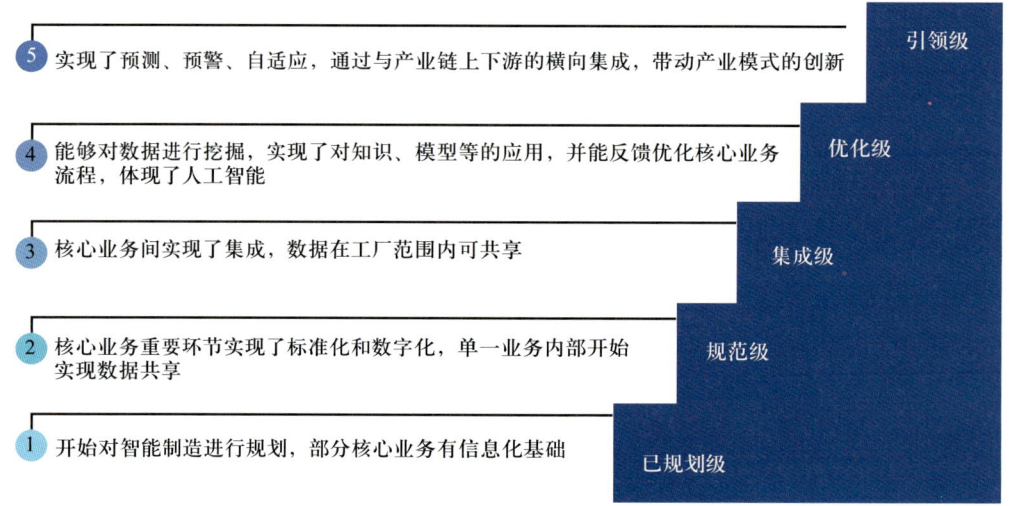

图 3-4-3　智能制造能力成熟度等级

## 2. 智慧城市

国内外主要的智慧城市评价指标数量及其特点见表 3-4-2。

《新型智慧城市评价指标》（GB/T 33356—2022）基于我国智慧城市建设特点，结合相关国际国内成熟度模型的研究基础，提出了一种适合于国内的智慧城市成熟度模型架构，如图 3-4-4 所示。智慧城市成熟度模型架构由三个维度组成，分别为智慧城市成熟度等级维度、智慧城市建设过程维度以及智慧城市建设能力维度，智慧城市成熟度等级是综合评价智慧城市建设能力和智慧城市建设过程后确定的。

表 3-4-2　国内外主要的智慧城市评价指标数量及其特点

| 名称 | 一级 | 二级 | 三级 | 特点 |
| --- | --- | --- | --- | --- |
| 智慧社区论坛（Intelligent Community Forum，ICF） | 5 | 18 | — | 定性为主，侧重政府和企业评价，市民体验指标较少 |
| 欧盟智慧城市评估 | 6 | 31 | 74 | 面向欧洲中等城市，指标全面，关注市民体验，可操作性强 |
| IBM 公司测评体系 | 4 | — | 21 | 涵盖面广，重视技术基础，注重与最佳水平比较 |
| 全球十大智慧城市排名（BoydCohen） | 6 | 18 | 27 | 操作性强，关注智慧程度和效果，重在评价结果的比较和排名 |
| 中国智慧城市（镇）发展指数 | 3 | 23 | 86 | 指标细致，设有四级指标 |
| 国家智慧城市（区、镇）试点指标 | 4 | 11 | 57 | 覆盖面广，但含义模糊，操作性较差 |
| 国家新型智慧城市评价指标（2016 年） | 8 | 21 | 54 | 注重社会参与和公众满意度，能够反映地方特色 |
| 2017—2018 年中国新型智慧城市建设与发展综合影响力评估指标 | 4 | 24 | 58 | 覆盖面广，注重以人为本 |
| 台湾智慧城市评价指标 | 6 | 17 | — | 注重产业发展，富有地方特色 |
| 南京智慧城市评价指标 | 4 | 21 | — | 侧重基础设施和产业评价，对城市管理和运行关注较少 |
| 上海浦东智慧城市评价指标体系 2.0 | 6 | 18 | 37 | 注重基础设施建设，总量指标较多，突出主观评价，操作性较差 |
| 工业和信息化部 | 3 | 9 | 46 | 指标具体详细，包含智慧准备维度（三个指标） |
| 中国软件评测中心 | 3 | 8 | 53 | 指标具体详细，包含智慧准备维度（四个指标） |
| 贝尔信公司 | 5 | 19 | 64 | 重视对基础设施的投入 |
| 北京国脉互联信息顾问有限公司（2016 年） | 6 | 17 | — | 在前五年评价基础上，结合当年的政策导向和发展趋势，优化改良 |

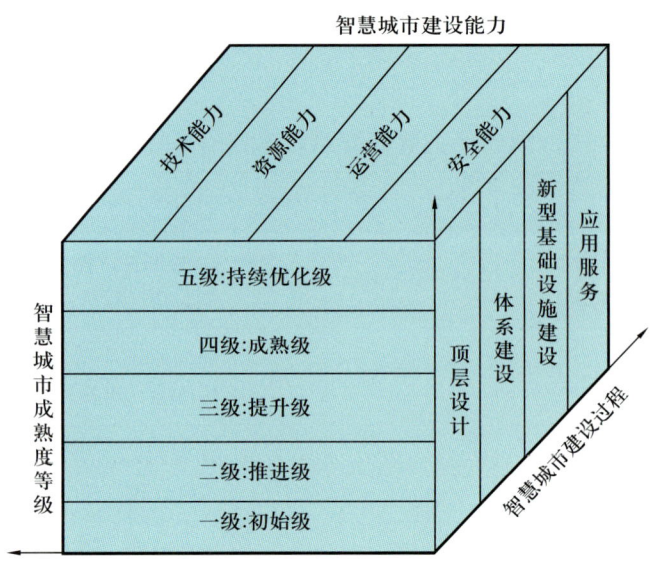

图 3-4-4　智慧城市成熟度模型架构示意图

智慧城市成熟度等级评价指标见表 3-4-3。

表 3-4-3　智慧城市成熟度等级评价指标

| 成熟度等级评价维度 | 能力项/过程项 | 指标 |
| --- | --- | --- |
| 智慧城市建设能力 | 技术能力 | 万人发明专利拥有量、高新技术企业数量、获国家级科技成果奖项数等 |
| | 资源能力 | 万人拥有科技人员数、科技成果转化率、各领域数据接入率、公共数据资源获取难易度等 |
| | 运营能力 | 运营方案科学性、运营投入稳定性、资金使用合理性、投融资方案落实性等 |
| | 安全能力 | 数据完整性防护措施、网络安全防护措施、系统连续可靠运行情况、安全管理制度和应急处置应对机制建设情况等 |
| 智慧城市建设过程 | 顶层设计 | 需求分析调研覆盖率、总体设计与需求符合度、架构设计覆盖情况、实施路径设计细化情况等 |
| | 体系建设 | 组织机构建设情况、考评制度建设情况、智慧城市建设配套政策制定、智慧城市建设项目管理办法制定和实施细则出台、智慧城市标准发布数量等 |
| | 新型基础设施建设 | 5G 基站数量、光纤到户（Fiber To The Home，FTTH）覆盖率、新能源汽车充电桩数量等 |
| | 应用服务 | 环境质量自动化检测站覆盖率、公交站牌的电子化率、地理信息资源共享率、公共区域免费 WiFi 覆盖率等 |

### 3. 智能电网

国内电力行业在电网的发展、建设评估方面已经提出了"两型"（资源节约型、环境友好型）电网指标体系、电网发展指标体系等评估系统。

#### 1)"两型"电网指标体系

"两型"电网是在电网固有的安全性、可靠性和经济性指标体系基础上，进一步科学反映电网发展中资源节约效果与环境友好程度。"两型"电网指标体系包括措施性指标和效果性指标，见表3-4-4。

表 3-4-4 "两型"电网指标体系

| 指标 | | 应用 |
| --- | --- | --- |
| 措施性指标 | 规划阶段 | 电源集约化、电网规模化、输变电先进技术应用 |
| | 建设阶段 | 标准化建设、优化设计、环境保护 |
| | 运行阶段 | 调度运行、技术改选、需求侧管理 |
| 效果性指标 | 资源节约 | 节约建设规划、节约能源、节约土地资源、节约设备材料 |
| | 环境友好 | 减排、环境治理 |

#### 2) 电网发展评估指标体系

电网发展评估指标体系主要针对电网快速发展环境下，开展有关衡量经济发展、电网发展速度、建设规模、发展质量和效益的分析和研究。从安全、经济、优良、协调、智能五个方面建立了电网发展评估指标体系，并给出了各指标定量计算方法。指标体系主要内容见表3-4-5。

表 3-4-5 电网发展评估指标体系

| 组成 | 内容 |
| --- | --- |
| 安全性 | 结构安全、运行安全、稳定性、充裕性、抗灾能力 |
| 经济性 | 电网规模效益、联网效益、新增建设效益、电网建设经济性 |
| 优良性 | 电网运行质量、电网建设质量、电网节能能力 |
| 协调性 | 资源协调性、社会协调性、经济协调性、环境协调性 |
| 智能性 | 智能电网规模基础、智能电网技术支撑能力、智能应用效果 |

#### 3) 智能电网试点项目评价指标体系

智能电网试点项目评价指标体系主要针对国家电网集团开展的智能变电站、配电自动化等各项智能电网试点项目，从技术水平、经济效益、社会效益以及实用化等方面，进行量化分析评估，以便调整完善、统一规范及全面推广智能电网重点项目的建设。指标体系见表3-4-6。

表 3-4-6　智能电网试点项目评价指标体系

| 评价对象 | 一级指标 | 二级指标 |
| --- | --- | --- |
| 智能变电站试点工程 | 技术性 | 互动性、先进性、优质性指标等 |
|  | 经济性 | 成本指标 |
|  | 社会性 | 社会影响 |
| 配电自动化试点工程 | 技术性 | 安全性、自愈性、优质性、互动性指标 |
|  | 经济性 | 降低成本、增加效益、费效比指标 |
|  | 社会性 | 环境影响指标 |
|  | 实用化 | 推广应用指标 |
| 用电信息采集系统试点工程 | 技术性 | 安全性、互动性、先进性指标等 |
|  | 经济性 | 降低成本、增加效益、费效比指标 |
|  | 社会性 | 环境影响指标 |
|  | 实用化 | 推广应用指标 |

### 4. 数据管理

数据管理能力成熟度评估模型（Data Management Capability Maturity Model，DCMM）定义了数据战略、数据治理、数据架构、数据应用、数据安全、数据质量、数据标准和数据生存周期八个核心能力域及 28 个过程域，描述每个能力域的定义、功能、目标和标准，如图 3-4-5 所示。

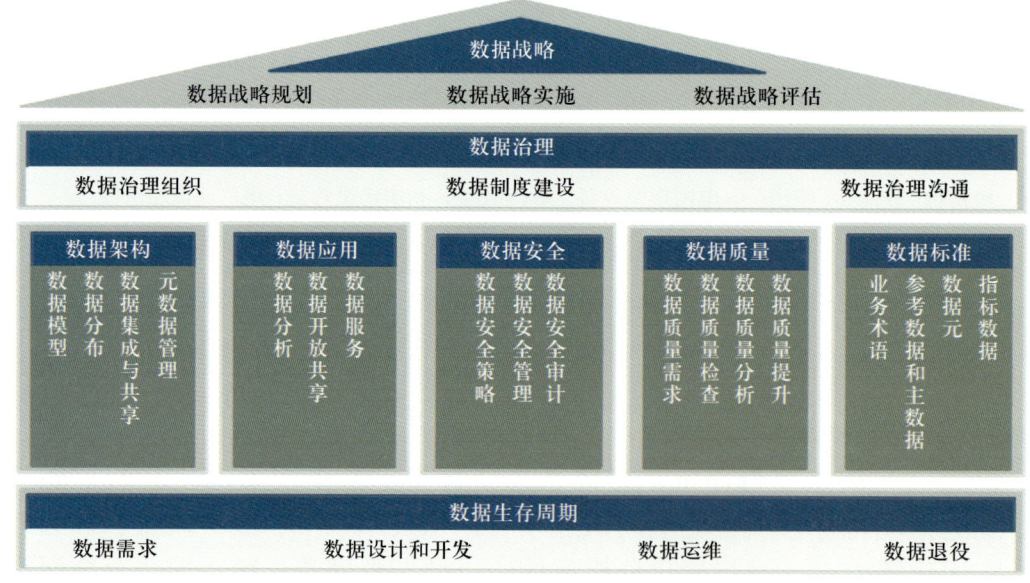

图 3-4-5　数据管理能力成熟度评估模型

DCMM 将数据管理能力成熟度划分为五个等级，自低向高依次为初始级、受管理级、稳健级、量化管理级和优化级。不同等级代表企业数据管理和应用的成熟度水平不同，见表 3-4-7。

表 3-4-7　DCMM 成熟度评估等级

| 等级 | 描述 |
| --- | --- |
| 初始级 | 数据需求的管理主要是在项目级体现，没有统一的管理流程，主要是被动式管理 |
| 受管理级 | 组织已意识到数据是资产，根据管理策略的要求制定了管理流程，指定了相关人员进行初步管理 |
| 稳健级 | 数据已被当作实现组织绩效目标的重要资产，在组织层面制定了系列的标准化管理流程，促进数据管理的规范化 |
| 量化管理级 | 数据被认为是获取竞争优势的重要资源，数据管理的效率能量化分析和监控 |
| 优化级 | 数据被认为是组织生存和发展的基础，相关管理流程能实时优化，能在行业内进行最佳实践分享 |

## 三、智慧管网智能化成熟度评估方法

成熟度理论是管理学领域一套较为完整的方法论体系，目前还在不断地发展创新。成熟度理论将一个事物发展的过程简明扼要地概括为若干个成熟度等级，每个等级都有其明确的内涵、对应要求和实现其所需的必要条件。智能化技术在油气管道的应用是一个模糊的、渐进明细的过程，影响其水平的因素多、不确定性高。采用成熟度评价的方式可以将对管道智能化水平的认知由模糊、抽象的判断转变为具体、清晰的判别，明确智能化技术应用的重点难点，持续改进智慧管网建设和运行水平。

### （一）指标体系

智慧管网成熟度评价指标由评价要素、域以及子域构成。评价要素包括技术要素、人员要素、资源要素和业务要素，域是评价要素的二级指标，子域是评价要素的三级指标，指标体系架构如图 3-4-6 所示。

### （二）评分要求

设定每个子域总分为 100 分，将其划分为 A、B、C、D、E 五个层次，每个层次评分区间为 0~20 分，子域得分为五个层次得分之和，被评价对象与指标描述越接近，评分值越高，评分区间见表 3-4-8。

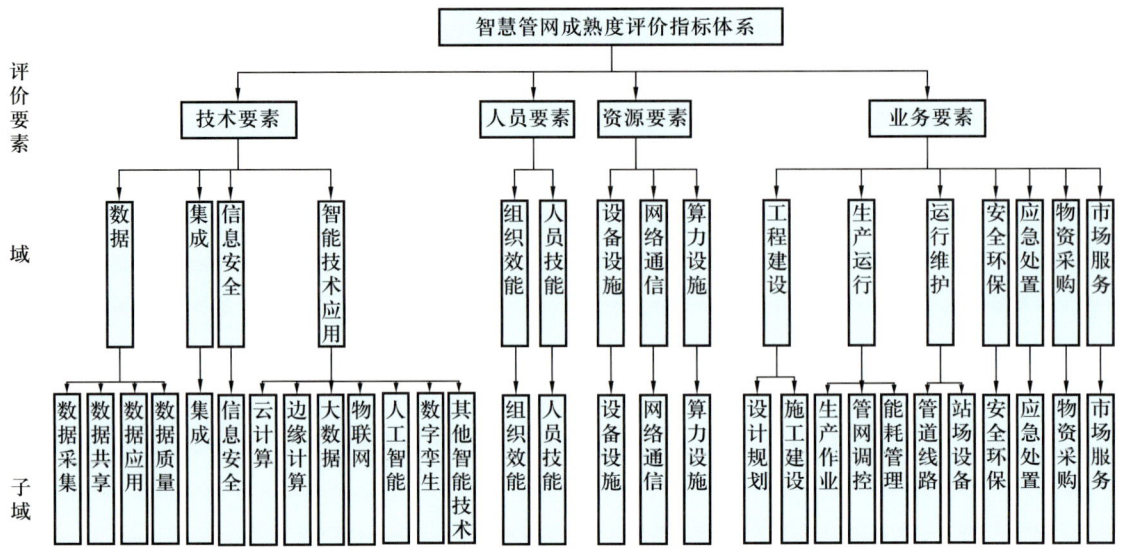

图 3-4-6 智慧管网成熟度评价指标体系

表 3-4-8 评分区间

| 层次 | A | B | C | D | E |
|---|---|---|---|---|---|
| 评分区间 | 0≤X≤20 | 0≤X≤20 | 0≤X≤20 | 0≤X≤20 | 0≤X≤20 |

开展智慧管网成熟度评价时，需要将针对评价对象所采集的数据与评价指标体系中每一项子域成熟度要求进行对照，依据满足程度对每一条成熟度要求进行评分，并按照计算方法形成最终等级得分。

（三）权重设置

智慧管网成熟度评价指标的推荐权重见表 3-4-9。评价人员也可根据项目需求和实际情况，调整智慧管网成熟度评价要素、域及子域设置指标权重。

表 3-4-9 推荐权重

| 评价要素 | 评价要素权重 | 域 | 域权重 | 子域 | 子域权重 |
|---|---|---|---|---|---|
| 技术 | 30% | 数据 | 35% | 数据采集 | 25% |
| | | | | 数据共享 | 25% |
| | | | | 数据应用 | 25% |
| | | | | 数据质量 | 25% |
| | | 集成 | 10% | 集成 | 100% |

续表

| 评价要素 | 评价要素权重 | 域 | 域权重 | 子域 | 子域权重 |
|---|---|---|---|---|---|
| 技术 | 30% | 信息安全 | 15% | 信息安全 | 100% |
| | | 智能技术应用 | 40% | 云计算 | 15% |
| | | | | 边缘计算 | 15% |
| | | | | 大数据 | 15% |
| | | | | 物联网 | 15% |
| | | | | 人工智能 | 15% |
| | | | | 数字孪生 | 15% |
| | | | | 其他智能技术 | 10% |
| 人员 | 10% | 组织效能 | 40% | 组织效能 | 100% |
| | | 人员技能 | 60% | 人员技能 | 100% |
| 资源 | 20% | 设备设施 | 40% | 设备设施 | 100% |
| | | 网络通信 | 30% | 网络通信 | 100% |
| | | 算力设施 | 30% | 算力设施 | 100% |
| 业务 | 40% | 工程建设 | 15% | 设计规划 | 50% |
| | | | | 施工建设 | 50% |
| | | 生产运行 | 25% | 生产作业 | 30% |
| | | | | 管网调控 | 40% |
| | | | | 能耗管理 | 30% |
| | | 运行维护 | 20% | 管道线路 | 50% |
| | | | | 站场设备 | 50% |
| | | 安全环保 | 10% | 安全环保 | 100% |
| | | 应急处置 | 10% | 应急处置 | 100% |
| | | 物资采购 | 10% | 物资采购 | 100% |
| | | 市场服务 | 10% | 市场服务 | 100% |

## （四）计算方法

智慧管网成熟度计算方法按照以下步骤开展：
（1）确定子域各个层次评分值；
（2）确定子域评分值；
（3）确定域评分值；
（4）确定评价要素评分值；
（5）确定被评价管道智能化水平成熟度评分值；
（6）确定智慧管网成熟度评分值。

子域评分值按式（3-4-1）计算：

$$P = \sum_{1}^{n} X_i \tag{3-4-1}$$

式中　$P$——子域评分值；
　　　$X_i$——子域中 A、B、C、D、E 五个层次评分值；
　　　$n$——子域内评分层次个数，一般为 5。

域评分值为该域内每个子域评分值加权求和，域得分按式（3-4-2）计算：

$$Q = \sum (P \times \gamma) \tag{3-4-2}$$

式中　$Q$——域得分；
　　　$P$——子域评分值；
　　　$\gamma$——子域权重。

评价要素的得分为该要素下域的加权求和，评价要素的得分按式（3-4-3）计算：

$$R = \sum (Q \times \beta) \tag{3-4-3}$$

式中　$R$——评价要素得分；
　　　$Q$——域得分；
　　　$\beta$——域权重。

单条管道或管段智能化水平成熟度评分方法，为四项评价要素的加权求和，按式（3-4-4）计算：

$$S = \sum (R \times \alpha) \tag{3-4-4}$$

式中　$S$——单条管道或管段成熟度评分值；

　　　$R$——评价要素得分；

　　　$\alpha$——评价要素权重。

智慧管网成熟度计算方法，为所评价管网包含管道成熟度评分值加权求和，按照式（3-4-5）计算：

$$M = \sum_{i=1}^{N} S_i L_i / L \qquad (3\text{-}4\text{-}5)$$

式中　$M$——管网智能化水平成熟度评分值；

　　　$S_i$——第 $i$ 条管道成熟度评分值；

　　　$L_i$——第 $i$ 条管道长度，km；

　　　$L$——所评价管网总长度，km。

## （五）等级划分

智慧管网成熟度等级由低至高可以分为五级，分别是一级（规划级）、二级（规范级）、三级（集成级）、四级（优化级）、五级（引领级）。各等级内涵与要求如下。

一级（规划级）：开始对油气管网智能化建设基础和条件进行规划，能够对关键核心业务进行流程化管理。

二级（规范级）：采用自动化技术、信息技术手段对核心装备和核心业务进行升级改造，主要核心业务实现信息化，实现同一业务场景内数据共享。

三级（集成级）：建成统一集成的泛在感知基础设施，主要设备和核心业务实现远程监控，主要信息系统实现了集成，能够实现跨业务活动的数据共享。

四级（优化级）：建立全面统一数据标准，核心设备和业务场景实现数字孪生，具备开展海量数据挖掘的能力，能够基于全生命周期数据实现综合性预判和一体化管控。

五级（引领级）：形成系统全面的油气管网知识体系和模型库，实现对核心业务的精准预测和优化；基本具备自适应优化能力，支撑以数据和知识为核心的数字化、智能化和平台化管理。

智慧管网成熟度在得到各子域、域以及评价要素的权重以及得分后可进行综合判定，管段、管道或管网成熟等级根据成熟度评分值按照表 3-4-10 确定。

表 3-4-10 成熟度等级判定

| 成熟度等级 | 一级<br>（规划级） | 二级<br>（规范级） | 三级<br>（集成级） | 四级<br>（优化级） | 五级<br>（引领级） |
|---|---|---|---|---|---|
| 成熟度评分值 | ≥0，<20 | ≥20，<40 | ≥40，<60 | ≥60，<80 | ≥80，≤100 |

# 第四章 面向智慧管网的数字孪生体构建与应用方法论

## 第一节 数字孪生体技术现状分析

### 一、数字孪生体理论架构体系发展现状

#### (一)国际视野角度

第四次工业革命以来,以物联网、工业互联网、人工智能、5G、区块链等技术为代表的数字浪潮席卷全球,物理世界和数字世界正在形成两大体系平行发展、相互作用。数字世界为了服务物理世界而存在,物理世界因为数字世界变得高效有序。在这种背景下,数字孪生技术应运而生。

美国人 Michael Grieves 于 2003 年首次提出了数字孪生的概念。经过 7 年的概念孕育和发展,2010 年 11 月,美国国家航空航天局(National Aeronautics and space Administration,NASA)发布了《未来飞行器的数字孪生新范式》(The Digital Twin Paradigm for Future NASA and U.S. Air Force Vehicles)和《建模、仿真、信息技术和处理路线图》(Modeling,Simulation,Information Technology & Processing Roadmap),指出数字孪生是基于仿真的系统性工程,明确了 NASA 数字孪生体的目标、技术内涵等内容,提出计划于 2027 年实现 NASA 数字孪生体的规划目标。

此后,数字孪生技术引起了国际广泛的关注。著名信息咨询公司 Gartner 连续三年将数字孪生列为十大战略科技发展趋势。美国工业互联网联盟将数字孪生作为工业互联网落地的核心和关键技术,德国工业 4.0 参考架构将数字孪生作为重要内容。中国开源工业互联网联盟认为,数字孪生技术可以作为第四次工业革命的通用目的技术。2019 年以来,中国、美国、德国相继成立了数字孪生体联盟等行业组织。

近几年，国际上针对数字孪生的标准化工作也在紧锣密鼓地启动中。

2018年，美国工业互联网联盟成立"数字孪生体互操作性"任务组，探讨数字孪生体互操作性的需求和解决方案。

2019年初，ISO/TC 184成立数字孪生体数据架构特别工作组，负责定义数字孪生体术语体系和制定数字孪生体数据架构标准。

2019年3月，美国电气电子工程师学会（IEEE）标准化协会设立P2806"工厂环境下物理对象数字化表征的系统架构"工作组，探讨智能制造领域工厂和车间范围内的数字孪生体标准化。

2019年5月，ISO/IEC决定成立数字孪生咨询组，发布《数字孪生体技术趋势报告》。该咨询组的主要工作范围和职能包括：梳理数字孪生的术语、定义以及标准化需求；研究数字孪生相关技术、参考模型；评估开展数字孪生领域标准化的可行性。

2019年11月，北京航空航天大学联合中国电子技术标准化研究院、机械工业仪表综合技术经济研究所等国内12家单位联合发表《数字孪生标准体系探究》，提出数字孪生标准体系框架和结构。

2024年5月，西门子和微软宣布与万维网联盟（World Wide Web Consortium，W3C）合作，致力于将数字孪生定义语言（Digital Twin Definition Language，DTDL）与W3C的Thing Description（事物描述）标准融合。通过标准化融合，统一接口标准，保障数字孪生建模一致性与互操作性，保障数字孪生体系统与平台间的无缝通信和集成，同时提高数字孪生使用效率。

## （二）国家布局角度

虽然我国的数字孪生产业起步较晚，但是由于近些年各地陆续出台政策，布局数字孪生建设，配套措施也在落实阶段，数字孪生技术正加速进入普及、开发和推广期。

2019年9月7日，工信部在长三角一体化论坛上提出：下一步将加快平台落地应用，加强5G、大数据、人工智能等新一代信息技术与制造业的技术融合，加快企业全链条数字化改造，加强各业务环节数字化应用和数字的集成共享，面向重点行业产品全生命周期打造数字孪生系统。

2020年4月10日，国家发改委、中央网信办印发《关于推进"上云用数赋智"行动培育新经济发展实施方案》，提出开展数字孪生创新计划，鼓励研究机构、产业联盟举办形式多样的创新活动，围绕解决企业数字化转型所面临的数字基础设施、通用软件和应用场景等难题，聚焦数字孪生体专业化分工中的难点和痛点，引导各方参与提出数字孪生的解决方案。

2020年4月27日，《上海市推进新型基础设施建设行动方案（2020—2022年）》明确提到数字孪生和数字孪生城市等内容。

2020年4月30日，工信部发布了《智能船舶标准体系建设指南》，在建设内容的"关键技术应用标准"中，明确提出了要建设数字孪生体。

《河北雄安新区规划纲要》在城市智慧化管理领域提出"坚持数字城市与现实城市同步规划、同步建设，适度超前布局智能基础设施，打造全球领先的数字城市""建立健全大数据资产管理体系，打造具有深度学习能力、全球领先的数字城市"等建设内容。

工业4.0研究院《数字孪生体》一书中指出："中国数字孪生体战略必须以长期来看，重点瞄准"十四五"规划期的机遇，国外尚未形成多样化的解决方案生态，这为我国赶超国外先进数字孪生体产业提供了机会。"

2024年1月19日，水利部办公厅关于印发2024年调水管理工作要点的通知：大力推进数字孪生调水工程建设。组织提出数字孪生调水工程建设技术指南，指导典型数字孪生调水工程规范建设，支撑数字孪生水网构建；4月，黄河水利委员会印发《2024年数字孪生黄河建设工作要点》（以下简称《要点》），明确数字孪生黄河建设重点工作。《要点》共提出7个方面36条数字孪生黄河建设年度重点工作。

2024年3月，前瞻产业研究院发布了《2024—2029年中国数字孪生行业市场前瞻与投资战略规划分析报告》，针对国内数字孪生行业宏观环境、全球数字孪生市场趋势以及目前数字孪生市场发展痛点等多个维度进行全景化梳理、分析及预测。

2024年6月，由中国电子技术标准化研究院牵头制定，国家管网集团研究总院、阿里巴巴、腾讯等联合参与编制的《信息技术 数字孪生 第1部分：通用要求》国家标准正式实施。该标准是我国数字孪生领域首个跨行业通用国家标准，首次确认了数字孪生的概念模型及参考架构，首次提出并规范了数字孪生的共性要求、功能要求、非功能要求及安全要求。

### （三）行业发展角度

当前数字孪生已得到了十多个行业关注并开展了应用实践。除在制造领域被关注和应用外，近年来数字孪生还在电力、医疗健康、城市管理、铁路运输、环境保护、汽车、船舶、建筑等领域开展研究，并展现出巨大的应用潜力，如图 4-1-1 所示。

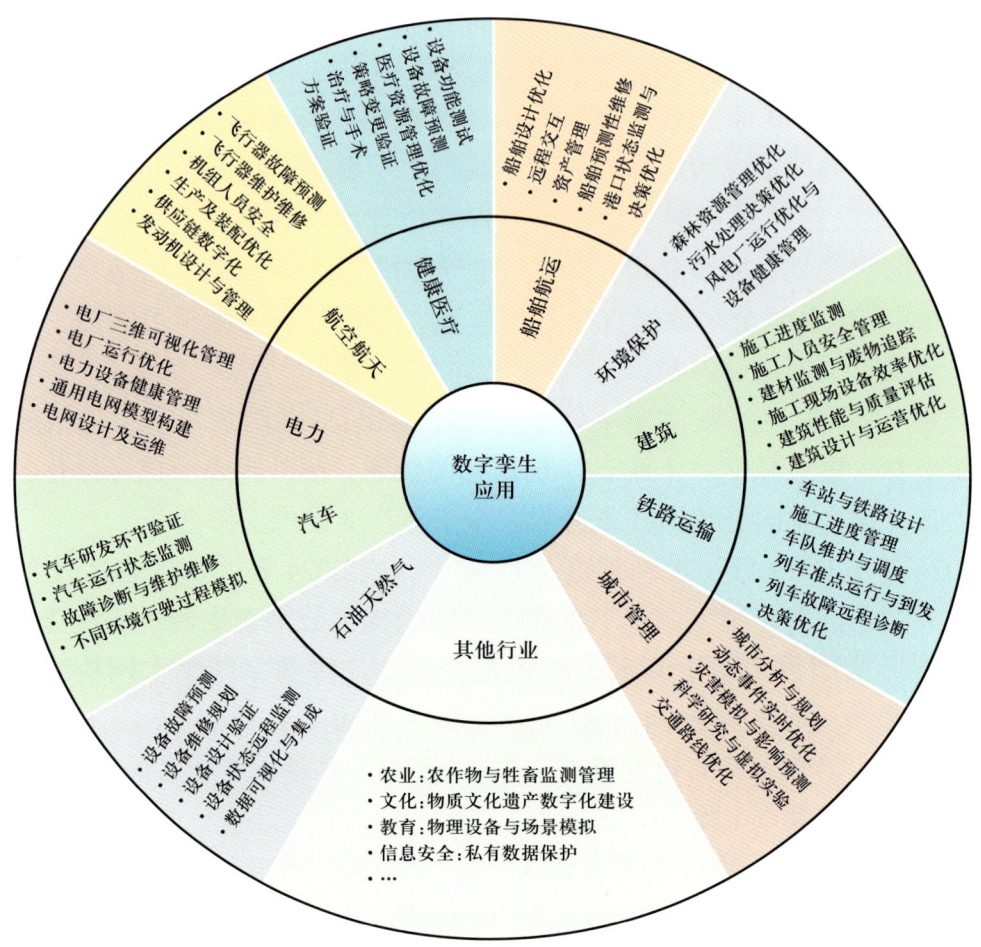

图 4-1-1　数字孪生行业应用

数字化设计（数字孪生 + 产品创新）：达索系统公司、美国参数技术公司、波音公司等综合运用数字孪生技术打造产品设计数字孪生体，在赛博空间进行体系化仿真，实现反馈式设计、迭代式创新和持续性优化。目前，在汽车、轮船、航空航天、精密装备制造等领域已普遍开展原型设计、工艺设计、工程设计、数字样机等形式的数字化设计实践。

虚拟工厂（数字孪生 + 生产制造全过程管理）：西门子股份公司、洛克希德·马丁公司等在赛博空间打造映射物理空间的虚拟车间、数字工厂，推动物理实体与数字虚体之间数据双向动态交互，根据赛博空间的变化及时调整生产工艺、优化生产参数，提高生产效率。

设备预测性维护（数字孪生+设备管理）：通用电气公司、空中客车公司等开发设备数字孪生体并与物理实体同步交付，实现了设备全生命周期数字化管理，同时依托现场数据采集与数字孪生体分析，提供产品故障分析、寿命预测、远程管理等增值服务，提升用户体验，降低运维成本，强化企业核心竞争力。

智慧城市（数字孪生+城市运行管理）：以定量与定性结合的形式，在数字世界推演天气环境、基础设施、人口土地、产业交通等要素的交互运行，绘制"城市画像"，支撑决策者在物理世界实现城市规划"一张图"、城市难题"一眼明"、城市治理"一盘棋"的综合效益最优化布局。

智慧医疗（数字孪生+医疗服务）：达索系统公司、海信集团有限公司等尝试将数字孪生与医疗服务相结合，实现人体运行机理和医疗设备的动态监测、模拟和仿真，可加快科研创新向临床实践的转化速度、提高医疗诊断效率、优化医疗设备质控管理。

## 二、数字孪生体系的成熟度模型

数字孪生体不仅仅是物理世界的镜像，也要接受物理世界实时信息，更要反过来实时驱动物理世界，而且进化为物理世界的先知、先觉甚至超体。这个演变过程称为成熟度进化，即一个数字孪生体的生长发育将经历数化、互动、先知、先觉和共智等五个过程，如图4-1-2所示。

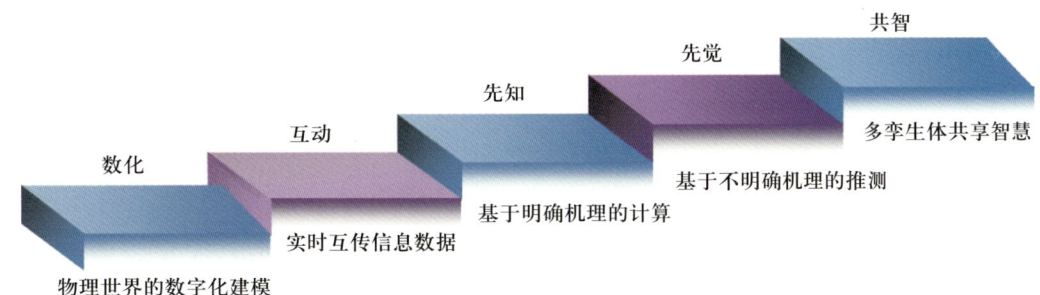

图4-1-2　数字孪生体成熟度模型（来源：安世亚太科技股份有限公司）

### （一）数化

"数化"是对物理世界数字化的过程。这个过程需要将物理对象表达为计算机和网络所能识别的数字模型。建模技术是数字化的核心技术之一，如测绘扫描、几何建模、网格建模、系统建模、流程建模、组织建模等技术。物联网是"数化"的另一项核心技术，使物理世界本身的状态变为可以被计算机和网络所能感知、识别和分析。

## （二）互动

"互动"主要是指数字对象间及其与物理对象之间的实时动态互动。物联网是实现虚实之间互动的核心技术。数字世界的责任之一是预测和优化，同时根据优化结果干预物理世界，所以需要将指令传递到物理世界。物理世界的新状态需要实时传导到数字世界，作为数字世界的新初始值和新边界条件。另外，这种互动包括数字对象之间的互动，依靠数字线程来实现。

## （三）先知

"先知"是指利用仿真技术对物理世界的动态预测。这需要数字对象不仅表达物理世界的几何形状，更需要在数字模型中融入物理规律和机理。仿真技术不仅建立物理对象的数字化模型，还要根据当前状态，通过物理学规律和机理来计算、分析和预测物理对象的未来状态。这种仿真不是对一个阶段或一种现象的仿真，应是全周期和全领域的动态仿真。

## （四）先觉

如果说"先知"是依据物理对象的确定规律和完整机理来预测数字孪生体的未来，那"先觉"就是依据不完整的信息和不明确的机理通过工业大数据和机器学习技术来预感未来。如果要求数字孪生体越来越智能和智慧，就不应局限于人类对物理世界的确定性知识。

## （五）共智

"共智"是通过云计算技术实现不同数字孪生体之间的智慧交换和共享，其隐含的前提是单个数字孪生体内部各构件的智慧首先是共享的。所谓"单个"数字孪生体是人为定义的范围，多个数字孪生单体可以通过"共智"形成更大和更高层次的数字孪生体，这个数量和层次可以是无限的。众多数字孪生体在"共智"过程中必然存在大量的数字资产的交易，区块链则提供了最佳交易机制。

## 三、数字孪生系统参考模型

基于数字孪生体的概念模型，给出了数字孪生系统的通用参考架构，一个典型的数字孪生系统包括用户域、数字孪生体、测量与控制实体、现实物理域和跨域功能实体共五个层次，如图4-1-3所示。

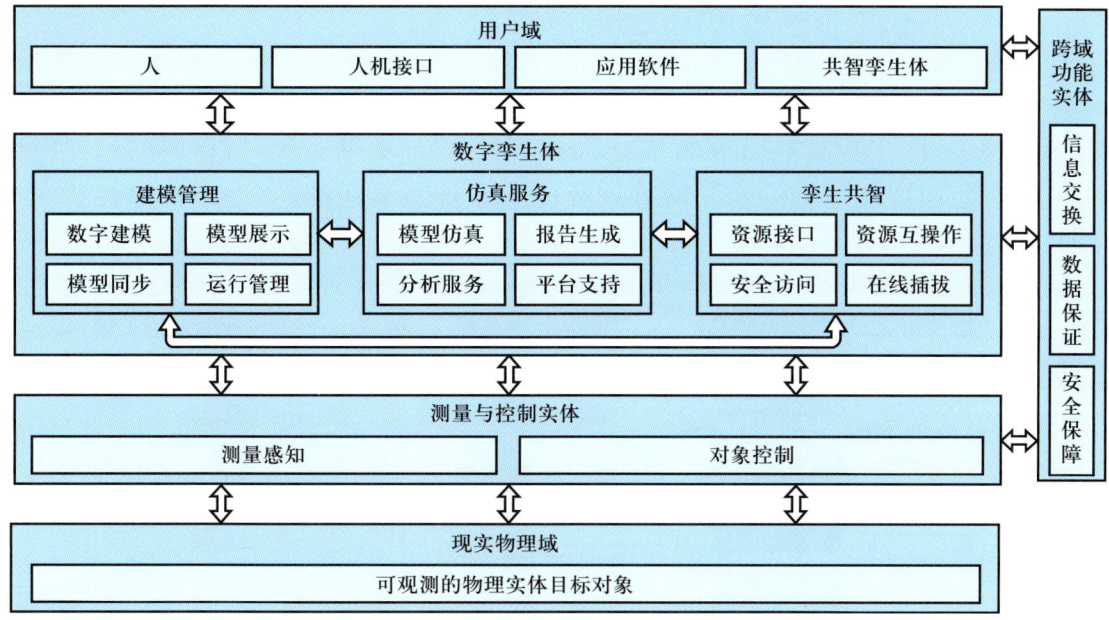

图 4-1-3 数字孪生系统的通用参考架构（来源：安世亚太科技股份有限公司）

第一层（最上层）是使用数字孪生体的用户域，包括人、人机接口、应用软件，以及其他相关数字孪生体。

第二层是与物理实体目标对象对应的数字孪生体。它是反映物理对象某一视角特征的数字模型，并提供建模管理、仿真服务和孪生共智三类功能。建模管理涉及物理对象的数字建模与展示、与物理对象模型同步和运行管理。仿真服务包括模型仿真、分析服务、报告生成和平台支持。孪生共智涉及共智孪生体等资源的接口、互操作、在线插拔和安全访问。建模管理、仿真服务和孪生共智之间传递实现物理对象的状态感知、诊断和预测所需的信息。

第三层是处于测量控制域、连接数字孪生体和物理实体的测量与控制实体，实现物理对象的状态感知和控制功能。

第四层是与数字孪生体对应的物理实体目标对象所处的现实物理域。测量与控制实体和现实物理域之间有测量数据流和控制信息流的传递。

测量与控制实体、数字孪生体以及用户域之间的数据流和信息流动传递，需要信息交换、数据保证、安全保障等跨域功能实体的支持。信息交换通过适当的协议实现数字孪生体之间交换信息。安全保障负责数字孪生系统安保相关的认证、授权、保密和完整性。数据保证与安全保障一起负责数字孪生系统数据的准确性和完整性。

## 四、石油行业数字孪生体发展现状

中国石油和中国石化分别发布了油气智慧管网系统设计方案（图 4-1-4、图 4-1-5）。两个设计均非常宏大，需要多年努力才可实现，目前而言，中国油气管道公司智能运行的物联网基础及技术准备尚不完备。

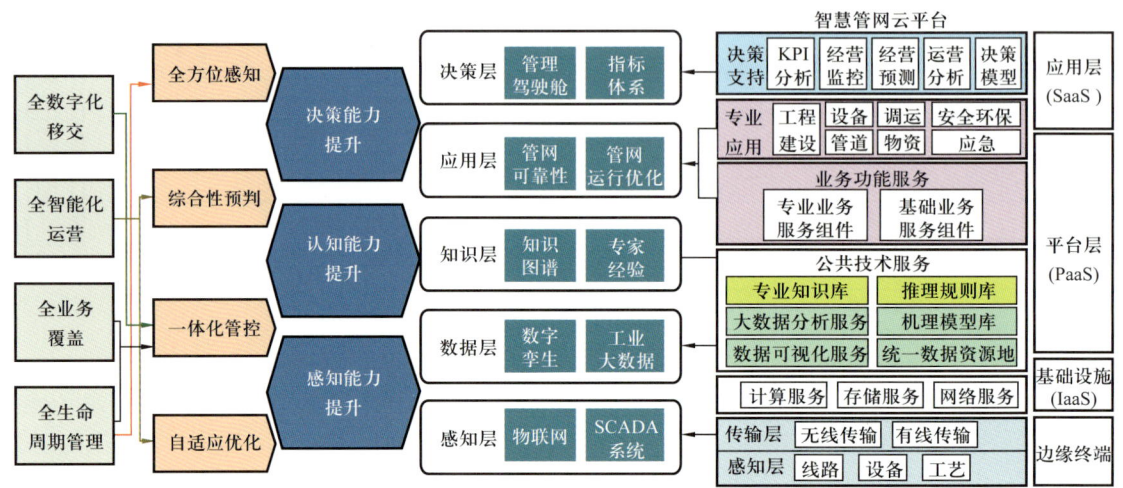

图 4-1-4　中国石油油气智慧管网系统设计图

图 4-1-5　中国石化智能化管道发展线路图

## （一）中国石油天然气股份有限公司

为了提高油气管道的经营管理水平，在提出数字管道概念的同时，中国石油于 2003 年着手开发管道生产管理系统（Pipeline Production System，PPS）。该系统功能主要包括管道调度、运销管理、计量管理、能耗管理等四大类，基本涵盖了管道运行阶段的主要管理业务，为中国石油实现其所辖油气管网集中调控提供了有力支撑。PPS 1.0 版、PPS 2.0 版分别于 2005 年、2013 年上线运行，应用效果显著，极大地提高了中国石油所辖油气管网运营管理效率和质量。与 PPS 1.0 版本相比，PPS 2.0 版本的覆盖范围扩大至中国石油的海外管道、LNG 接收站及城市燃气系统，系统体系结构以及功能、性能也得到明显改进，特别是增加了移动端应用，大大提高了系统应用的便利程度。除 PPS 外，中国石油下属各管道公司开发的企业资源规划（Enterprise Resource Planning，ERP）系统也可为各自公司的智慧管道建设提供支持。

## （二）中国海洋石油集团有限公司

中国海洋石油集团有限公司（简称中国海油）在"十二五"信息化规划中明确提出分三个阶段推进实现"数字海油"的建设：第一阶段深化 ERP 应用，启动数字油田、数字工厂的试点工作；第二阶段拓展并全面建设中国海油商业智能和集成协同平台，同时在试点数字工厂的基础上开始数字管网、数字金融等建设；第三阶段是基本实现数字海油建设。

中海石油气电集团有限责任公司的"数字气电"从研究数字化管道技术开始，自 2007 年起开展了中国海油液化天然气管网及接收场站的数字化技术研究与应用，主要研究了数字站线的建设原则、实施策略、总体框架、功能需求、数据需求、应用系统建设、数据采集、质量控制等（图 4-1-6）。其中，数据采集内容包括基础地理信息数据、管道专业数据及管道周边环境数据的采集，涵盖天然气管道从设计、施工、运营维护到废弃的全生命周期。

应用系统的建设包括管道数据库管理系统、管道地理信息系统、巡线与线路管理系统、第三方施工管理系统、隐患管理系统、阴保与腐蚀监测系统、地质灾害管理系统、缺陷管理系统、维修维护管理系统、应急信息管理系统、接口集成等。

### 1. 数字化管网与场站可视化管理

油气管道大多位于地下，被地面与建构筑物所覆盖，二维图形无法表现管

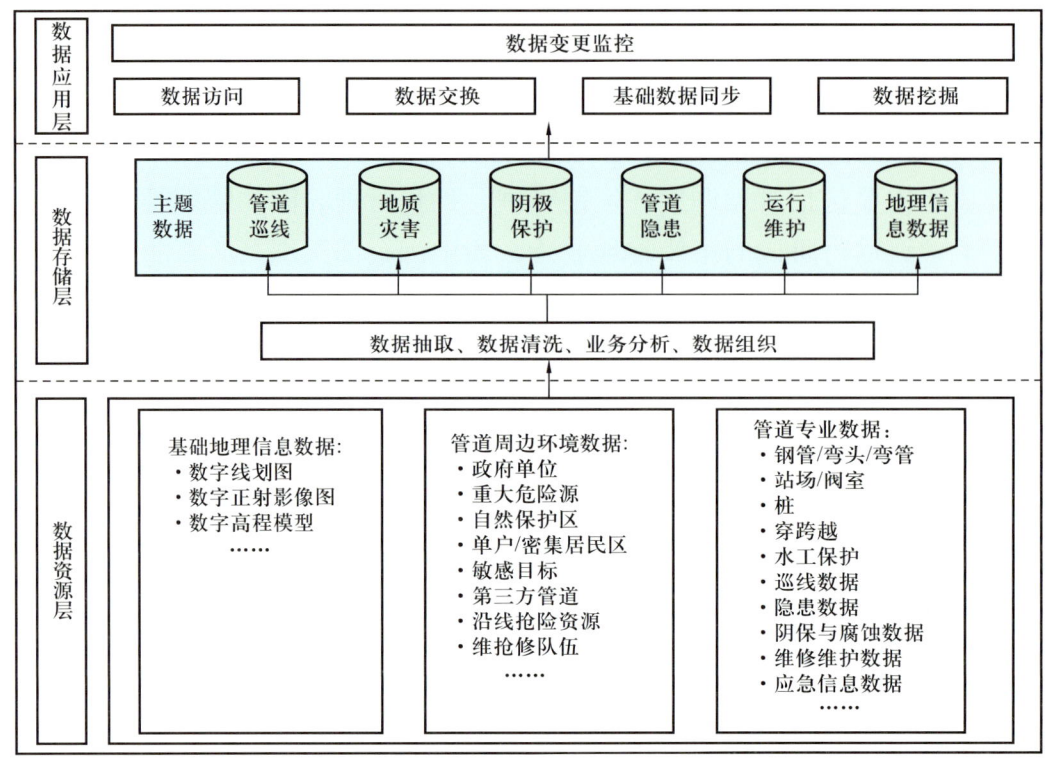

图 4-1-6　中国海油数字化管道数据架构图

道之间的空间关系。数字化管网、场站的可视化系统是在基础地理信息系统软件与可视化开发语言中进行的集成式二次开发，建立合理有效的三维管道数据库是可视化系统高效、稳定运行的保障。

由于中国海油大力推动中下游企业三维应急信息展示平台建设，中国海油气电集团开展了两期数字化管网与场站三维可视化信息系统建设，主要涵盖天然气液化、LNG 接收站、管道运输、发电、LNG 液态分销、加气加注等板块。该信息系统建设内容包括三维数字场站信息平台、气象预报系统、无线视频监控系统、生产人员动态管理系统、槽车动态监控系统、LNG 船舶动态监控系统、重大危险源监管系统的建设。该系统可以实现管道管理的查询与分析，如实现从图形到属性或从属性到图形的查询。

### 2. 生产数据采集与展示平台

生产数据采集与展示平台项目是"十二五"期间贯彻中国海油数字海油和中国海油气电集团数字气电的生产信息化规划的落地项目之一，从 2011 年开始建设，至今已完成两期。该平台融合中国海油气电集团各项目公司的数字化管道数据、三维模型、GIS 数据，数据覆盖近 3000km 管道本体及附属设施，采集其生产过程控制系统（如 SCADA、DCS 等）的实时生产数据，成为统一的"数据仓库"，通过开发应用功能，实现了生产数据整合监控、数字化管道整合查询与展示、生产报表管理、天然气调度辅助分析、3G/4G 移动应用等应用功能，在三维模型、二三维 GIS 上叠加实时动态生产数据，将其综合展示与分析应用，提高中国海油气电集团对各项目公司建设、生产、运营管理、决策等的信息支持能力。

### （三）中国石油化工集团有限公司

在中国石油冀宁联络线数字管道建设及 PPS1.0 版开发的同期，中国石化针对其下属管道储运分公司的业务需求，于 2004—2005 年开发了原油管理信息系统。该系统的功能与中国石油 PPS 系统的功能类似，但应用范围仅限于原油管道及相关设施。自 2005 年上线运行后，该系统大大提高了中国石化原油管道及相关设施（油港、油库等）调度管理工作的水平。在原油管理信息系统成功应用的基础上，中国石化于 2014 年启动智能管道（全称为中国石化智能化管线管理系统）建设及相关技术开发工作，年底在管道储运公司、天然气分公司、燕山石化等七家单位完成了试点应用。2015 年 1 月，中国石化在全公司范围内推广智能管道，5 月正式投用；2017 年 11 月正式发布了智能管道 2.0 版。该管理系统具有标准统一、关系清晰、数据一致、互联互通的特点，实现了油气流、信息流一体化融合及油气管道运营管理的标准化、数字化、可视化。除日常业务管理功能外，该管理系统还具有泄漏自动报警、地质灾害预警、专家系统管道维护、可视应急救援等安全保障方面的功能，自投用以来，为中国石化油气管道安全、平稳、可靠、绿色运行提供了有力支持。

### （四）美国 GE 公司

美国 GE 公司与埃森哲公司于 2013 年形成，2014 年对外联合发布了智能管道解决方案（Intelligent Pipeline Solution），这是两家公司建立全球战略联盟以来推出的首个行业解决方案。该解决方案是一个支撑智慧管道的软件平台，其核心是一个基于 Predix 平台的工业互联网解决方案——GE 公司的管道管理软件，此外还融入了埃森哲公司扎实的行业知识、数字化能力和经验，该平台的主要目的是使管道公司实现资源最佳配置，从而降低安全、经济等方面的风险。

### （五）加拿大智能管道技术公司

加拿大智能管道技术公司声称专注于为油气管道公司提供智能管道技术和解决方案，其经营理念是以更完善的数据做出更合理的决策。该公司的核心业务是为在役管道开挖腐蚀检测提供一种高分辨率诊断装置——三维激光扫描仪 LaserScan3D 及配套数据处理软件 VirtualPIPE。开挖检测是对管道完整性管理常用的内检测方式的补充，可以验证内检测结果，并在此基础上对内检测的技术细节进行改进。与传统手工方法相比，三维激光扫描可以大大提高检测的效率、检测结果的准确性与完整性。

### （六）西门子公司

国外另一套与智慧管道相关的解决方案是西门子公司开发的 Pipelines 4.0，其是一套适用于管道资产建设、运行管理及全生命周期优化的综合配套工具，对应电机、燃气轮机、泵与压缩机等管道设备的所有组件都是按北美管道公司的需要配置的，从而可以提供更多的决策支持，使管道运行更简便、更经济、更可靠、可视性更强。Pipelines 4.0 中与智慧管道直接相关的组件是 Smart Pumping 软件，其可以降低管道能耗费用，且具有消减瞬变压力、改进流量稳定性、提高开泵方案系统效率及优化泵机组维修保养策略等功能。管道公司通过应用 Smart Pumping 软件提供的高级数据分析、人工智能及机器学习等工具，可以统筹考虑各泵站的运行方案，从而改进和优化所辖管道的负荷管理、运行能耗及批次计划，Smart Pumping 软件可以用智慧的方式为成品油管道批次计划优化提供实时决策支持。

## 五、总结

构建数字孪生体的必要性：数字孪生的出现不是概念炒作，而是信息化发展到一定程度的必然性结果，数字孪生正成为人类解构、描述、认识物理世界的新型工具。作为一种新型的数字化技术解决方案，数字孪生必将给社会和企业的数字化转型带来一股新的浪潮，也将把各类组织的数字化转型工作推向一个新的高度。

构建数字孪生体的统一性：数字孪生诞生初期，各行业对其理解存在分歧，部分专家认为数字孪生仅仅是旧技术换了新名字。通过对近些年国内外数字孪生开展的研究与实践进行分析，可以看到数字孪生的定义、特征和架构愈发明确和趋同。数字孪生主要指基于物理实体在赛博空间中的高精度数字模型，进行分析预测并形成最佳综合决策，实现工业全业务流程的闭环优化。不同于传统的大数据技术和仿真技术，数字孪生体核心引擎的重点是多领域、多尺度的集成建模以及机理模型和数据模型的深度融合。因此，国际上数字孪生的龙头企业均在通过合作研发或资本并购的方式，打造集成融合的计算、分析、决策平台。

构建数字孪生体的艰巨性：数字孪生是一套支撑数字化转型的综合技术体系，技术在发展，应用在深化，体系在演进，其应用推广也是一个动态的、演进的、长期的过程。在这期间，由于各行业在数据采集、模型积累、软件开发等方面存在诸多短板，这成为数字孪生发展的瓶颈。近年来各行业陆续推出了数字孪生的解决方案，但是可以看到企业级的数字孪生解决方案往往未达到"革命级"或"颠覆性"的效果，普遍偏重物联网、仿真、数据储存与分析、可视化等单一技术的垂直延伸。如果从数字孪生的初衷和本源考虑，当前仅有极少数企业能够独自构建完整的数字孪生体解决方案，深化跨界合作是推动应用创新的必由之路。

## 第二节　管网数字孪生体总体发展目标与体系架构

### 一、总体发展目标

管网数字孪生体作为智慧管网的核心支撑，以物理管网为载体、海量数据为基础、多维度模型为核心、多元化技术驱动，在物理"全国一张网"的国家管网集团战略引导下实现数字孪生"全国一张网"建设，实现对管网系统全生命周期下的全数字化资源的高效配置，为管网系统提供全景三维展示交互、动态趋势分析与预测、洞察力决策等智能化服务，驱动管网系统实现跨层级、跨区域、跨系统、跨业务的全视角的智能化运营。

### 二、理论与体系架构

#### （一）理论内涵

理论内涵上，管网数字孪生是以数据、模型、技术、知识的集成融合为基础，通过在虚拟空间中构建与实际管道系统精准映射、行为一致、同生共长、迭代优化的数字实体，对管道全生命周期内进行全要素描述、全方位分析、洞察力预测及综合性决策，实现管道全业务链的智能化升级和协同运转。

精准映射要求管网数字孪生体与实际管道系统在管体、焊缝、设备、储罐等单元的尺寸、属性、物性、连接关系等参数上保证物理与逻辑一致性以及数据准确性。

行为一致要求管网数字孪生体与实际管道系统保持全生命周期一致性，并与实际管道单元或系统在模型、数据、知识层面保持时间、空间上的连通性与行为一致性。

同生共长要求管网数字孪生体应融合多物理场、多尺度、多概率的分析功能，准确模拟实际管网系统的状态、过程、事件等，并对未来管网系统的衍化趋势进行预测。

迭代优化要求管网数字孪生体与实际管网应形成信息与决策的高效闭环系统，利用孪生体实现预测、诊断、辅助决策等，保障孪生体同实体协同优化升级。

## （二）成熟度体系

管网数字孪生体建设作为一项复杂的系统工程，形成完整的管网级的数字孪生体的总体预期无法一蹴而就，需要统筹考虑管网各领域的业务需求、建设与运行状态等管道实际能力，同时也需要兼顾数字孪生体目标场景的维度、技术积累以及数字化能力等，通过建立成熟度评估体系，将管网数字孪生体进行成熟度分级，明确目标工程/场景与数字孪生体间的匹配性，合理规划管网数字孪生体建设短期与远期目标及实施路线，依托多技术、多系统、多团队形成全方位合力，实现最终的建设目标。

从落地应用的视角出发，管网数字孪生体成熟度可划分为"以虚仿实（L0）、以虚映实（L1）、以虚控实（L2）、以虚预实（L3）、以虚优实（L4）、虚实共生（L5）"六个等级，从物理实体（PE）、数字孪生模型（DM）、数字孪生数据（DD）、连接交互（CI）和功能服务（FS）五个维度出发，根据连接交互方式与自动化程度的不同，以数字孪生所能提供的功能服务为主线，将数字孪生分为六个成熟度等级，如图4-2-1所示。

零级（L0）：以虚仿实。以虚仿实指利用管网数字孪生体对管网实体进行描述和刻画，具有该能力的数字孪生处于其成熟度等级的第零等级（L0），满足此要求的实践和应用可归入广义数字孪生的概念范畴。在该等级，数字孪生模型从几何、物理、行为和规则某个或多个维度对物理实体单方面或多方面的

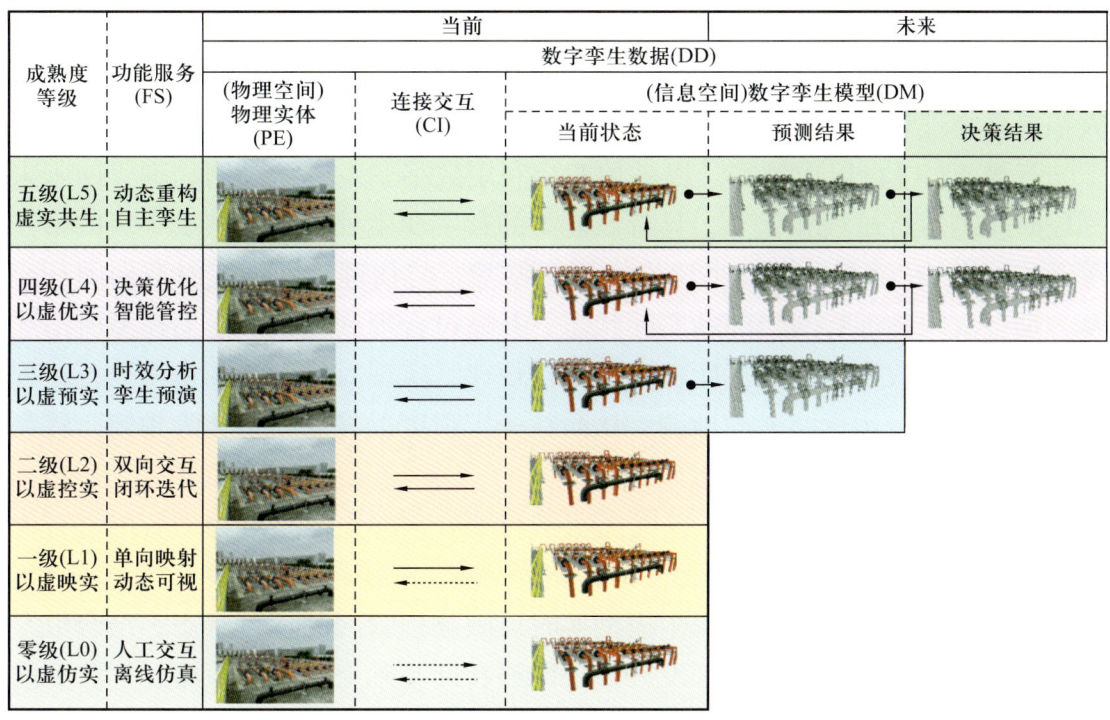

图 4-2-1 管网数字孪生体成熟度等级

属性和特征进行描述,从而在一定程度上能够代替物理管道进行仿真分析或实验验证,但数字孪生模型与物理管网之间无法通过直接的数据交换实现实时交互,主要依赖人的介入实现间接的虚实交互,包括对物理管网的控制和对数字孪生模型的控制与更新等。

一级(L1):以虚映实。以虚映实指利用数字孪生体实时复现物理管网的实时状态和变化过程,具有该能力的数字孪生处于其成熟度等级的第一等级(L1)。在该等级,数字孪生体由真实且具有时效性的物理管网相关数据驱动运行,同步直观呈现与物理管网相同的运行状态和过程,输出与物理管网运行相同的结果,从而在一定程度上突破时间、空间和环境约束对于物理管网监测过程的限制,但对于物理管网的操作和管控依旧依赖现场人员的直接介入,仍无法实现物理管网的远程可视化操控。

二级(L2):以虚控实。以虚控实指利用数字孪生模型间接控制物理管网的运行过程,具有该能力的数字孪生处于其成熟度等级的第二等级(L2)。在该等级,信息空间中的数字孪生模型已具有相对完整的控制逻辑,能够接受输入指令在信息空间中实现较为复杂的运行过程。同时,在以虚映实的基础上,增量建设由数字孪生模型到物理管网的数据传输通道,实现虚实实时双向闭环交互，从而赋予物理管网远程可视化操控的能力，进一步突破空间和环境约束对于物理管网操控的限制。尽管这种控制并不一定是智能的或优化的，但仍可大幅提高物理管网的管控效率。

三级（L3）：以虚预实。以虚预实指利用数字孪生模型预测物理管网未来一段时间的运行过程和状态，具有该能力的数字孪生处于其成熟度等级的第三等级（L3）。在该等级，数字孪生模型能够基于与物理管网的实时双向闭环交互，动态反映物理管网当前的实际状态，并通过合理利用数字孪生模型所描述的显性机理和数字孪生数据所蕴含的隐性规律，实现对物理管网未来运行过程的在线预演和对运行结果的推测，从而在一定程度上将未知转化为预知，将突发和偶发问题转变为常规问题。

四级（L4）：以虚优实。以虚优实指利用数字孪生模型对物理管网进行优化，具有该能力的数字孪生处于其成熟度等级的第四等级（L4）。在该等级，数字孪生不仅能够基于数字孪生模型实时反映物理管网的运行状态，结合数字孪生数据预测物理管网的未来发展，还能够在此基础上，利用策略、算法和前期积累沉淀的知识，实现具有时效性的智能决策和优化，并基于实时交互机制实现对物理管网的智能管控。

五级（L5）：虚实共生。虚实共生作为数字孪生的理想目标，指物理管网和数字孪生模型在长时间的同步运行过程中，甚至是在全生命周期中通过动态重构实现自主孪生，具有该能力的数字孪生处于其成熟度等级的第五等级（L5）。在该等级，物理管网和数字孪生模型能够基于双向交互实时感知和认知对方的更新内容，并基于两者间的差异，利用云计算、边缘计算、人工智能等技术实现物理管网和数字孪生模型的自主构建或动态重构，使两者在长时间的运行过程中保持动态一致性，从而保证可视化、预测、决策、优化等诸多功能服务的有效性，实现低成本、高质量、可持续的数字孪生。

### （三）架构体系

#### 1. 总体架构模型

管网数字孪生体总体架构设计上着眼于未来管网系统变革，以实现泛在融合的智慧管网生态圈为价值主线；以管道的全生命周期管理，全业务链的智能化升级和协同运转为需求导向；以仿真、大数据、人工智能、物联网等技术的集成融合为赋能手段；以数据和模型标准统一、虚实管道交互迭代、数据资源高效配置的工业互联网平台为支撑工具，总体架构如图4-2-2所示。

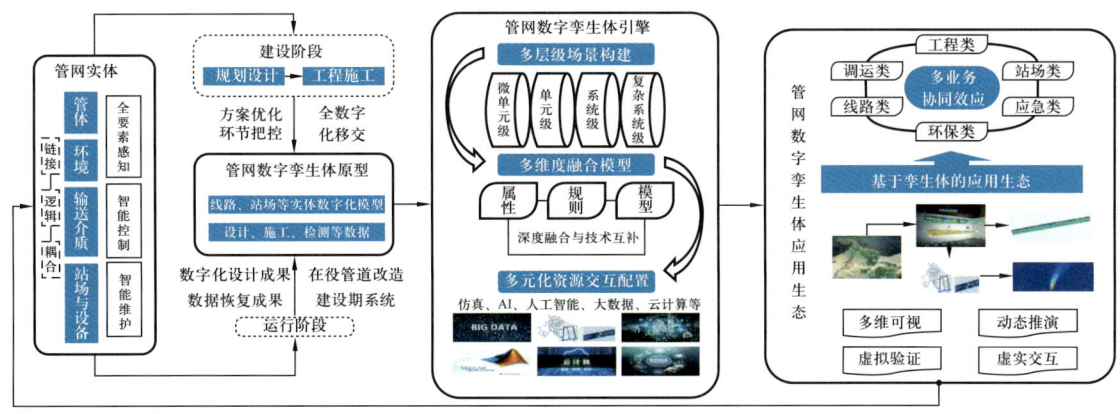

图 4-2-2　管网数字孪生体总体架构示意图

结合管网行业特点、业务特征以及技术特性，总体架构模型涵盖了管网数字孪生体引擎、管网数字孪生体原型、管网数字孪生体应用模型三大模块，明确管网数字孪生体与管道实体间、管道业务间关联关系以及管网数字孪生体服务生态。

1）管网数字孪生体原型

管网数字孪生体原型包括新建管道进行数字化构建的静态模型以及在役管道数字化恢复静态模型两个方面。具体地，管网数字孪生体原型建立同管道实体系统精准映射的虚拟静态模型，其中管道实体系统的范围包含线路管道本体、焊缝、防腐层、线路敷设环境、工艺管道、阀门、流量计、储罐、设备等，静态模型集成了管道实际设计、采办、施工、检测等建设阶段的管材属性、焊接参数、环境参数、管道埋深/走向、输送介质属性等多元化数据建立管道实体系统静态模型，静态模型格式包含实体系统的CAD、计算机辅助工程（Computer-Aided Engineering，CAE）、BIM、Smart Plant 3D等系统化模型以及单元级精细化三维模型等。同时，管网数字孪生体原型依托管网数字孪生体引擎对管道设计阶段进行方案验证并优化、对供应链环节优化管控、施工环节跟踪评估等，实现对管网数字孪生体进行动态校核及修正完善，最后依托全数字化移交方式移交至运行方管理。

2）管网数字孪生体引擎

作为管网数字孪生体内核，引擎根据管道业务场景，包括复杂系统级（如管网可靠性分析、管网运行优化等）、系统级（如管道线路维修维护分析、停输再启动等）、单元级（如管体结构分析等）等需要将人工智能、大数据分析、仿真、云计算、物联网等技术建立技术子模块，并同步地将机理（如管道结构力学、流体力学、热力学等)、历史方案(如设备维修、线路维护、工艺运行等)等建立支撑子模块。管网数字孪生体引擎应用时,根据管网数字孪生体应用模型的指令或实体系统的信号等响应,依托不同应用场景尺度、维度、特性、特征建立知识网络,依托知识网络将上述各类子模块进行定向配置、调用、集成,建立相应场景的分析、决策模型并进行封装,通过引擎将分析、决策模型向管网数字孪生体应用模型以及管网数字孪生体原型所涉及的各类场景输出,提供分析、决策服务。

3) 管网数字孪生体应用模型

依托管网数字孪生体引擎构建体系化的适配多维度生产业务应用模型,模型边界涵盖油气调运、线路管理、设备管理、应急决策等,各业务领域依托孪生体模型建立业务协同化链条。一方面通过沉浸式功能对管道实体的状态与行为进行全要素描述与分析展示并提供虚拟交互功能,另一方面通过对管道实体状态、设备运行工况、环境变化、输送介质物性特征等对管网系统、线路系统、站场系统、单体元件等不同维度的管道实体系统进行现状评估以及趋势预测,最后将相应反馈、决策或操作至管道实体,实现管网数字孪生体应用模型—管网数字孪生体—管道实体的闭环决策。

### 2. 数字孪生体平台开发

构建基于多模态融合的管网系统数字孪生体平台,如图4-2-3所示,为管网数字孪生体提供载体环境,以管网数字孪生体为核心媒介衔接管道实体感知系统与现有业务系统平台,实现打通管网系统信息孤岛,破除业务壁垒,外延业务平台功能;通过部署多元化分析引擎,充分融合大数据分析、仿真模拟、云计算等多元技术为管网数字孪生体提供驱动内核,依托全要素数据/模型资源池动态获取管道实体各类数据,为管网数字孪生体提供标准化数据流以及统一化模型,实现管道实体与管网数字孪生体动态映射;部署边缘服务平台,实现管网数字孪生体轻量化、节点化部署运行;开发集成应用池外延并细化管网数字孪生体应用服务能力。

### 3. 标准体系建设

管网数字孪生体建设标准从数字模型标准、数据标准、连接与集成标准、机理与算法标准、服务标准五个方面展开,如图4-2-4所示。

1) 数字模型标准

数字模型标准主要对模型功能、模型描述、模型构建、模型组装、模型验证、模型运行、模型管理进行规范。

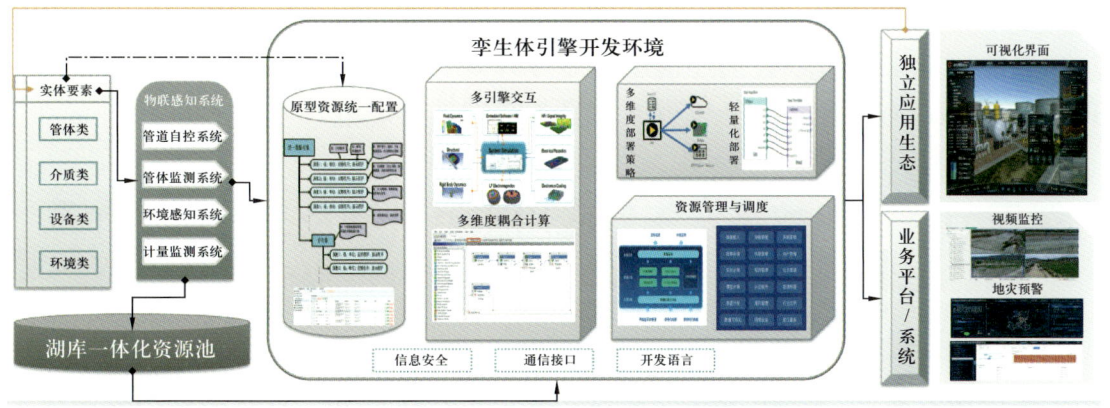

图 4-2-3　管网数字孪生体平台架构示意图

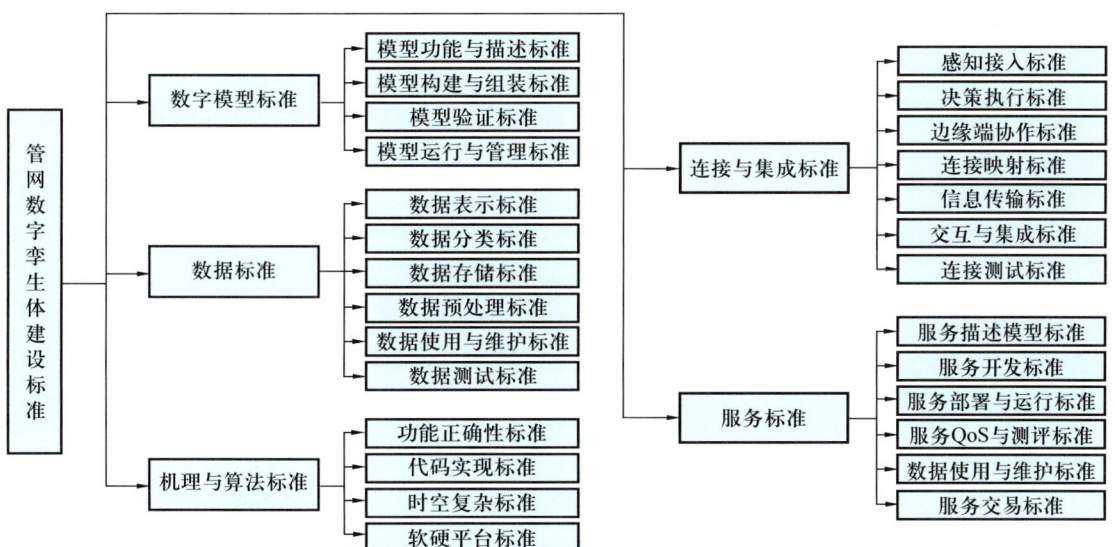

图 4-2-4　管网数字孪生体标准体系

2）数据标准

数据是驱动管网数字孪生体运行的根本。数据标准主要是对管网数字孪生体涉及的数据表示、分类、存储、预处理、使用与维护、测试进行规范。

3）连接与集成标准

连接与集成标准主要对物理实体、虚拟模型、服务、数据库的数据连接与集成进行规范。

4）机理与算法标准

机理与算法标准主要对功能正确性、代码实现、时空复杂度、软硬件平台进行规范。

5）服务标准

服务标准主要对服务描述模型、服务开发、服务部署、服务运行、服务管理、服务 QoS（服务质量）与测评、服务交易进行规范。

## 第三节　管网数字孪生体应用服务开发及关键技术体系

### 一、应用服务开发

应用服务是管网表现出的一系列功能和服务的总和，是管网数字孪生体由技术能力向管网业务能力延伸的集中体现，面对管网系统业务领域广泛、场景复杂、环节交叉等特点，要求应用服务设计上深度挖掘数字孪生体功能特性与特征，明确数字孪生体在管网全生命周期各类专业化业务中的定位与角色，实现数字孪生体业务能力、流程的标准化、规范化封装，深度融入管网业务体系架构。

#### （一）管道设计

传统管道设计思路基本为串行设计，按照可行性研究、初步设计、施工图依次进行，虽然主流管道设计大多已经采用三维设计方案，但三维模型通常是静态的，对设计人员经验依赖性较强，利用率不高，对管道系统全局性考虑较少。

管网数字孪生体赋予了三维模型新的生命力，基于高保真动态三维模型，关联各种属性和功能定义，包括材料属性、感知系统、有限元模型等，可反馈现实世界管道系统实际施工、运行、维护等数据，实现线路、工艺、设备、控制、电力、建筑等全要素、全过程仿真模拟基于数字孪生体的管道设计过程，如图 4-3-1 所示。管道数字孪生体在设计前期即可识别异常情况，从而在未施工时，提前避免管道设计缺陷，使设计发生根本转变，实现面向管道运行维护的设计和优化。此外，数字孪生体还可以持续累积管道设计和建设的相关知识，帮助设计人员不断实现重用和改进，实现知识复用。

#### （二）调度优化

随着中国油气管网建设的发展，管网运行灵活性显著提高，网络化运行模式使得管道间相互影响日趋复杂，管网集中调控及优化运行难度随之增大。

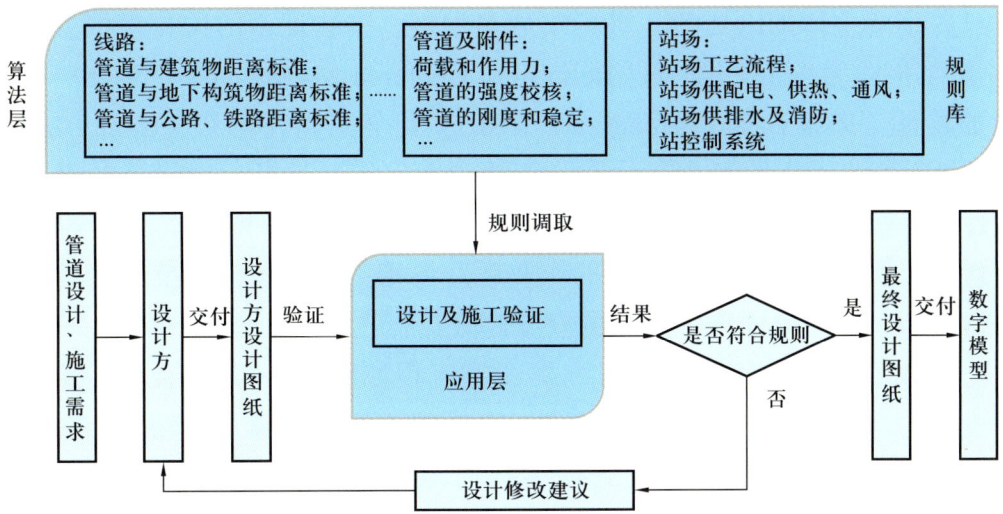

图 4-3-1　基于数字孪生体的管道设计过程示意图

基于数字孪生体的管网调度模式，通过物理实体管道系统与管道数字孪生体进行交互融合及相互映射，实现物理实体管道系统对管道数字孪生体数据的实时反馈，使管道数字孪生体通过高度集成虚拟模型进行管网运行状态仿真分析和智能调度决策，形成虚拟模型和实体模型的协同工作机制，达到二者的优化匹配和高效运作，实现管网动态迭代和持续优化。

此外，基于数字孪生体的管网调度模式，承接设计阶段的工艺、控制、设备虚拟模型，接收实时采集的工艺参数、控制参数、设备状态参数等数据，并考虑其相互耦合作用，通过不同学科的仿真组合进行系统协同仿真，更准确、全面、真实地模拟管网复杂运行过程并进行趋势预测，采用遗传算法、人工神经网络、群体智能等新兴智能优化算法进行优化控制，整体解决压缩机组/泵机组启停选择、运行工艺参数设定、管网资源调配及流向优化等问题。

## （三）设备运行维护

管道设备包括机械设备、电气设备、仪表设备、计量设备等，结构复杂、种类众多、数量巨大。管道设备的运行维护，直接影响到管道系统的可靠性、经济性及安全性，同时关系到无人站场能否顺利实现，是影响管道系统自动化和智能化发展的关键因素。

基于数字孪生体的设备维修维护，即承接设计、采购、安装调试阶段的设备虚拟模型。根据实体设备的 SCADA 系统、设备监测系统、运行历史等数据，对数字孪生体加以更新，进行集成多学科、多物理量的仿真模拟分析，实现基于可靠性为中心的维修（Reliability Centered Maintenance，RCM）、基于风险的检验（Risk Based Inspection，RBI）、安全完整性等级（Safety Integrity Level，SIL）的可靠性安全评估及基于故障案例库的诊断，对设备的健康状况进行评估，预测设备故障原因及剩余寿命，给出维修维护策略，制定维修维护作业计划。实体设备完成维修维护作业后，将相关数据和信息反馈给数字孪生体进行更新，从而保证物理设备的安全高效运行。

基于数字孪生体的设备维修维护实施流程如图 4-3-2 所示，可实现设备维修维护由部件级别向系统级别转变，由故障诊断向故障预测转变。同时，还可通过虚拟现实/增强现实/混合现实技术，提高人机交互的体验性，将零部件三维结构、维修维护流程等虚拟信息叠加到同一个真实维修维护环境中，两种信息相互补充，清晰直观地显示出维修维护的操作流程和操作步骤，协助现场操作人员作业，从而提高其工作准确性、安全性及高效性，可有效实施设备安全培训、操作培训、维修维护远程指导。

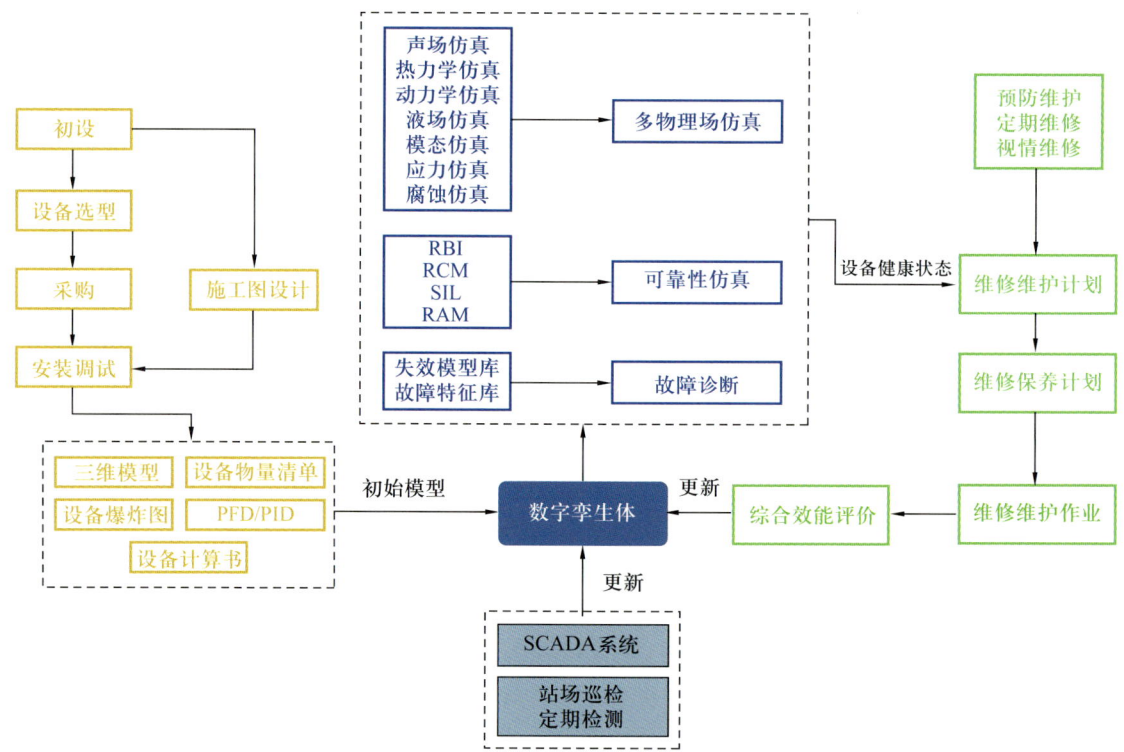

图 4-3-2　基于数字孪生体的管道设备维修维护流程图

## （四）管道风险管理

管道风险管理主要包括风险评价、风险控制和风险监控，对所有可能影响管道运输安全的风险因素进行综合，进行一体化的全面管理。整个实施过程兼顾管道运行的各个环节，包括管道设计、施工、运行、监控、维修、质量控制和通信等过程，并贯穿于管道整个运行期。基于数字孪生体的管道风险管理模式如图 4-3-3 所示，对物理管网实时进行风险监控，将管道的数据传输到管网数字孪生体数据中台，并根据历史数据及实时数据在数字孪生平台进行风险评价，将评价结果传输给应用服务，生成风险控制实施建议，工作人员根据相应建议采取措施降低管道风险。

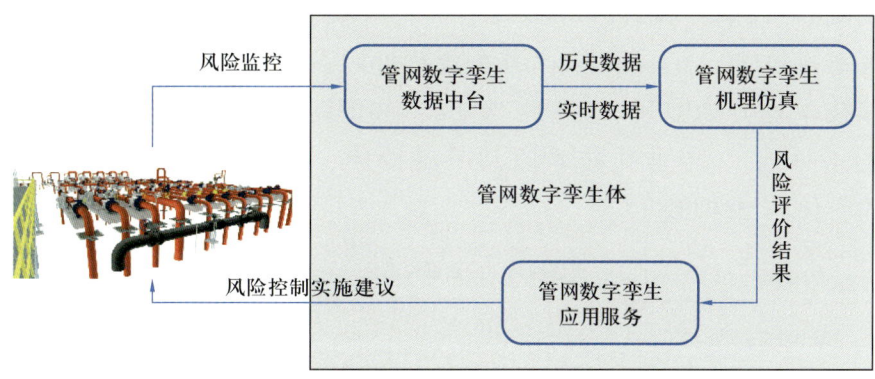

图 4-3-3　基于数字孪生体的管道风险管理模式

## （五）应急演练

在应急演练过程中，根据历史事件事故的数据记录、管道相关数据以及现有应急预案通过管道服务系统制定应急演练预案，通过虚拟管道仿真模拟爆炸损害、泄漏扩散、污染分析、自然灾害影响等应急场景，建立事故模型，并在管网数字孪生体上仿真演练，提升应急工作的培训效果，并不断优化应急预案。在应急事件发生时，通过管网数字孪生体实时接收实体管道的变化状态，从孪生体中初步分析判断事件的类型和级别，通过管道服务系统智能调度应急资源，并制定应急方案，在现场应急抢修工作中通过智能装置实时获取实体管道的相关数据，为现场的实时操作和决策提供数据支撑。

## 二、关键技术体系

客观属性上，长输油气管道点多、线长、面广，其生产过程是一个过程长、环节多、元素复杂的产业链，所涉及的数据、模型及相应的智能化特征都有着自身的特性。相较于其他传统行业，管网数字孪生体的建立需要突破更多实际困难。

油气管道的数据来源于多个方面，具有复杂性、不确定性、数据与实体的非对称性等特点。复杂性：（1）数据多源、多尺度、多维度；（2）结构化、半结构化、非结构化数据并存；（3）时间跨度（频度）、空间尺度差异大。不确定性：（1）数据的不确定性；（2）对象的模糊性；（3）对象特性的非线性。数据与实体的非对称性：（1）物理世界与数字世界同构困难，由油气管道对象的模糊性及目前的数字、物理建模技术决定；（2）全尺度、全维度数字孪生体（仿真）建设困难；（3）管道内外时空差异巨大。综述上述特征，智慧管网中数字孪生体建设需要从不同的方面展开。

因此在技术维度上，结合实际管道系统特征以及管网数字孪生体特点，管网数字孪生体技术划分为数化、链接、集成、共享四个阶段，技术要素涵盖通用化技术（图4-3-4）、专业化技术以及基础设施，保障管网数字孪生体实现真正意义上的实体-虚拟映射。

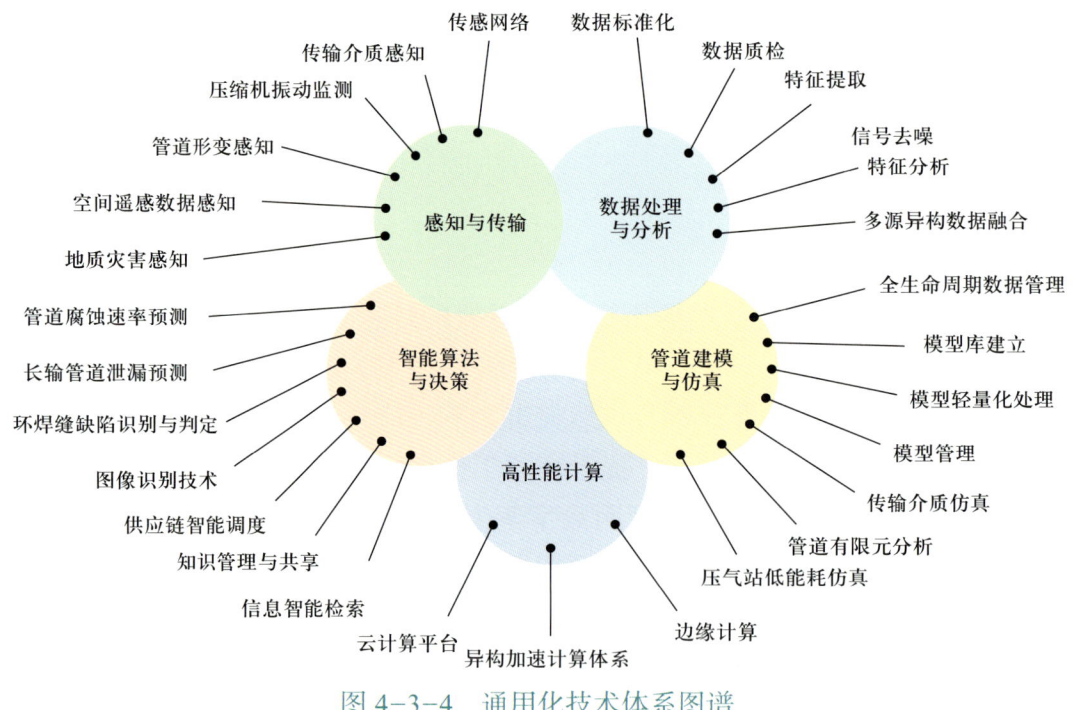

图 4-3-4 通用化技术体系图谱

## （一）管网感知与传输技术

管网感知与传输技术是数字孪生体建设中基础的一环，通过各类传感器及传感器网关对管网运行状态进行感知,再通过传输网络将采集到的实时数据传输到数据中台进行下一步处理。感知与传输技术是管网数字孪生体中的数据来源和基础,其是否能够采集到全面、准确的数据将直接决定所建数字孪生体的成熟度等级。因此,在管网设计建设期间规划好感知与传输技术相关传感器及网络设备的部署至关重要。

### (二)传感网络

目前,油气管道通信传输网络已经建成了基本覆盖所有长输油气管线的光缆网络,初期建设了以同步数字体系(Synchronons Digital Hierarchy,SDH)为主的光设备网络,经过几年发展建成了以光传送网(Optical Transport Network,OTN)为主结构、以各管线为子结构的两层光通信传输网络结构。在地面建设光通信网络的同时,还大力发展卫星通信。油气管道卫星通信网主站分别位于主控中心、备控中心,端站位于各条油气管道站场和阀室,作为油气管道 SCADA 数据及语音通信的备用传输信道。

而对于未覆盖光设备网络的管网,可采取公众通信模式或移动卫星通信。目前,公众通信模式已实现大数据量随时、随地快速接入和传输,如 5G 通信可进行高清视频等大数据量无线网络传输。对于缺少公众通信的偏远地区,以天通一号卫星为代表的移动通信卫星实现了数据和语音通信的全区域覆盖,监测数据自动传输技术已经成熟。基于成本和使用环境的要求,管网数字孪生体的传输层必然是多种通信方式的混合组网,实现互联互通,消灭信息孤岛。

油气管网部分分布于荒漠戈壁等交通不便、通信基础差的区域,而管道阴极保护数据等需要采用无线通信的方式进行数据传输,ZigBee、GSM/GPRS 和 NB-IoT 因其自身的特点,都不能很好地适应通信基础差区域的数据通信,LoRa 通信技术作为一种无线链状通信技术,能够满足油气管道数据采集中线状、小流量通信拓扑的要求,并且可以自由组网形成不同的通信拓扑结构。

### (三)数据处理与分析技术

数据是驱动数字孪生体与管网实体双向交互、迭代优化的基础,对数据进行标准化、质检、清洗等操作增强数据的可用性和易用性,为数字孪生平台提供基础的数据支持。

#### 1. 数据标准化

流程工业的压力、温度、流量等变送器已经颁布相关工业标准,数据接口、数据格式也已统一，但设备状态监测、泄漏监测、应力应变监测及周界防护等众多新型管道安全监测技术尚未形成国家标准、行业标准或产业联盟团体标准。因为缺乏统一的电气接口和数据传输协议，无法对厂家以统一标准进行规范及约束，制约了彼此间的互联互通，不便于大规模管网系统的统一组网。

2. 数据质检

数据质检主要是对数据的质量进行分析，通过建立质检规则配置，明确数据质量的具体需求，如图4-3-5所示。将数据导入到质检模块，通过质检规则进行数据质量分析，最后给出是否存在重复、异常等质检结果。

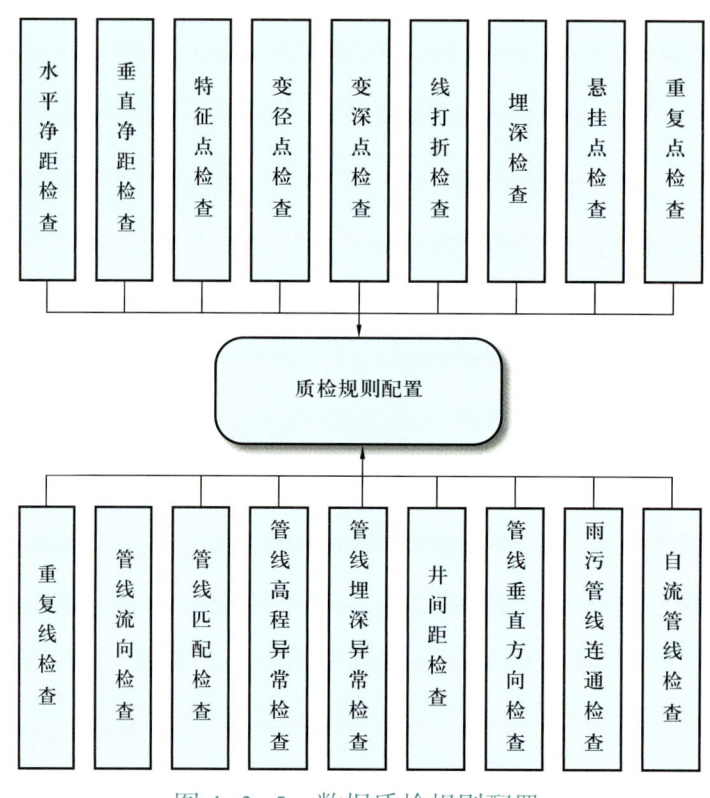

图4-3-5　数据质检规则配置

3. 数据清洗

传感器直接采集到的数据通常是杂乱无章的，需要进行数据清洗处理掉空缺的值，处理掉平滑的噪声数据，找到孤立或者重复的数据记录并删除掉。空缺值的清理方法主要有忽略缺失的部分、人工填写缺失的值、使用一个统一的值来填充空缺的值，也可使用该列属性的平均值、中间值、最大值、最小值或更为复杂的方法来填充空缺值。

### 4. 信号去噪

常用的信号去噪方法主要包括傅里叶变换、小波变换、低通滤波等。小波包可同时分解低、高频两个部分，根据分析要求和信号特性，小波包分解可以自适应地选择相应的频带去匹配信号频谱。对于地震信号、机械振动信号的去噪有较好的效果。

### 5. 特征提取

对信号进行数据处理之后，单组信号仍会有上千个点，若将所有采样点进行数据分析，作为神经网络的输入，一方面极易造成过拟合，另一方面过多的输入量只会削弱有用信息。所以为了准确全面地描述各状态下信号的特征，需要计算相应信号的特征值。

### 6. 多源异构数据融合

长输管网的数据类别多种多样，如管道基本信息、基础地理信息、监测数据及管道周围环境等各种数据，这些数据经过全生命周期数据管理已经实现了标准化，具备了可用性、兼容性和专业性等，但对于泄漏预测等服务，需要对各类数据进行处理及分析得到综合判定结果，因此通过多源异构数据融合可大幅减少传统管道处理数据方式的工作量，提高数据处理的效率和精准度。

管道数据的类型和来源具有多样化的特点，包含了管道内检测、外检测、动态监测、维保及空间地理信息等数据，这些数据间无法直接进行通信和交互操作，融合就能解决数据间无法交叉使用的问题，充分利用传感器资源，合理支配与使用传感器和人工观测的信息，互补各种传感器在空间和时间上的信息，依据不同优化准则或算法组合来对管道状态进行更加准确的解释和描述，再对信息进行优化组合后导出更多的有效信息。

## （四）全生命周期数据管理

管网数字孪生体是以海量数据库为基础，实现数据共享，需要具有智能化、数字化、可视化、标准化、自动化、一体化特征，并具有专业性、兼容性、共享性、开放性、安全性的特点，最大限度地消除信息孤岛。

管道全生命周期管理可定义为：在管道规划、可行性研究、初步设计、施工图设计、工程施工、投产、竣工验收、运维、变更、报废等整个生命周期内，整合各阶段业务与数据信息，建立统一的管道数据模型，实现管道从规划到报废的全业务、全过程信息化管理。

管网数字孪生体全生命周期数据管理，以设计和运行为主，将各阶段全业务数据按中心线入库和对齐，通过将全部数据加载到管网数字孪生体上，对管网本体及周边环境数据、管道地理信息数据、业务活动数据和生产活动数据等数据资源进行集中存储和开发利用。

要建立统一的数据标准，随着二维码、RFID、智能摄像头、智能传感器等新技术在管网中的应用，将产生视频、状态监测等新的数据种类，需要进一步完善移交数据标准。

（1）多版本时态数据管理：通过拓展施工模拟软件数据模型时态特性，建立多版本中线、多时态数据的存储管理机制。在管网数字孪生体中可方便对比施工图设计、竣工等不同版本的管道中线，查看改线前后管道的变化情况。

（2）非结构化数据管理：针对建设期的无损检测、影像资料、设计图纸等非结构化文档数据，在管网数字孪生体中实现存储、批量入库、中线关联等功能，能够支持无损检测信号、竣工图等各类文档数据的管理和查询。

（3）智能感知数据管理：制定智能感知监测数据结构规范，开发应用程序接口（Application Program Interface，API），在管网数字孪生体中采集基础管道的智能阴保电位监测、地质灾害监测等智能感知数据，实现现场监测数据的自动采集与回传，为决策奠定数据基础。

## （五）虚拟模型构建的关键技术

建模、机理计算（仿真）和基于数据融合的数字线程是数字孪生体的三项核心技术。能够统领建模、机理计算（仿真）和数字线程的系统工程和基于模型的系统工程（Model-Based Systems Engineering，MBSE），则成为数字孪生体的顶层框架技术。物联网是数字孪生体的底层伴生技术。

### 1.基于模型的系统工程

基于模型的系统工程是实现数字孪生体的系统级建模与分析，也是数字线程的顶层框架和起点。基于模型的系统工程是一种形式化的系统建模应用，是系统工程应用的新范式；以逻辑连贯一致的多视图系统架构描述为桥梁，实现系统跨领域模型的可追踪、可验证和整个生存周期内的动态关联，进而驱动贯穿于系统生存周期内的、从体系到系统组件各个层级内的系统工程过程、活动和任务。

### 2. 一维系统建模

管网一维系统建模有两种方式。

第一种基于行为逻辑建模，采用多域和多语言构建用户系统，创建管道和多域系统的模型，所使用的建模语言有 VHDL-AMS（IEEE 1076.1）、Modelica、SML（Simplorer 建模语言）、C/C++ 建模、集成电路重点模拟程序（Simulation Program with Integrated Circuit Emphasis，SPICE）模型。

第二种基于多领域元件库和模型库建模，从元件库中选择合适的模型简化管网元件，如管件、容器、阀门、旋转机械、流阻、喷管、热交换器、流动分布、流量计机械传动等，然后建立一维系统模型。

### 3. 三维实体建模

管网数字孪生体三维实体建模具有以下特点：实时三维建模能力；快速模型渲染能力；工具化的建模方式；丰富的三维元素；特效灵活数据接口、智能匹配；多格式输出；兼容主流建模软件；多终端输出等。通常使用的建模工具有 AutoCAD、PDMS、PDS、CADWorx、Revit 等。

### 4. 管网机理建模关键技术

管网机理计算常使用算法程序、物理场机理建模、工艺机理建模等工具，基于完整信息和明确机理计算，输出结果具有确定化、无二义性的特征。其具备如下特征。

（1）广义机理建模：物理（如流动、力学、化学等）规律确定，源于科学理论，并被实践验证，往往被作为成熟理论来使用，包含公理、定理、公式、数值计算、工程算法等。

（2）将数化过程建立的模型与物理机理相结合，包括材料、物理规律（方程）等，根据完整的当前边界条件和物理状态，计算数字模型的下一步状态。

（3）实时边界条件和物理对象状态被完整测量，可作为物理规律的完备输入条件。"实时"二字依赖于物联网平台。

管网数字孪生体中的管道、站场建立精确的机理计算模型是非常关键的。在机理模型方面，一维（二维）管道流动模型、设备特性模型及其在时域、频域上的变换等均存在着严重的非线性及不够精确的问题，需要系统采集的数据和模型进行融合，实现模型更新与维护、模型选择与训练、数据收集与处理，以及机器学习中变量选择优化等方面的工作，形成真正的管网数字孪生体。

### 5. 模型降阶技术

为了实现油气管网的数字孪生体系统的建设，需要采用以模型降阶技术为核心的数字样机建模手段。机理建模方法以牺牲部件模型的空间离散规模为代价，从而提高了计算精度。当离散规模即网格量过大时，计算中的内存使用量和计算时间都会成倍增长，要将如此大规模计算量的数值分析作为以速度和精度为衡量指标的数字孪生样机并不现实。因此，以降阶模型（reduced order model，ROM）技术为核心的一维机理建模方法成为关键技术。ROM 的核心思想为应用线性时不变系统（Linear Time-Invariant System，LTI）、奇异值分解（Singular valne Decomposition，SVD）和实验设计（Design of Experiments，DOE）等方法将三维和二维有限元模型降阶为一维数字样机模型（如 FMU、StaticROM、DynamicROM、Twin 等），降阶的过程中考虑非线性因素对结果造成的影响，并采用机器学习等方法进行结果的内插与外推，只需要提供部分有限元结果也能保证整体计算精度。同时，降阶技术将模拟整个 3D 模型所需时间，降低到原计算时间的 1/100 到 1/10。

### 6. 管网的数字线程

数字线程是指可扩展、可配置和组件化的企业级分析通信框架。基于该框架可以构建覆盖系统生命周期与价值链全部环节的跨层次、跨尺度、多视图模型的集成视图，进而以统一模型驱动系统生存期活动，为决策者提供支持。数字线程是与某个或某类物理实体对应的若干数字孪生体之间的沟通桥梁，这些数字孪生体反映了该物理实体不同侧面的模型视图。同样可应用于管网的数字孪生系统的对应关系如图 4-3-6 所示。

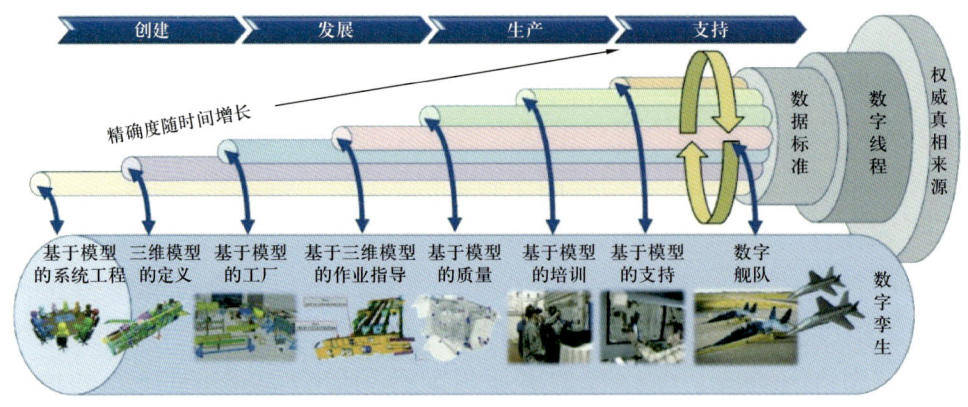

图 4-3-6 管网数字孪生体与数字线程的关系示意图

### （六）知识管理与共享

管道业务知识包括法律法规、标准规范、体系文件、操作指南、作业指导书、设备说明书及个人日常处置经验等，这些知识一部分已实现信息化，分布在各个数据库中；另一部分尚作为个人经验保存在管理人员大脑中。这些知识分布零散、规模宏大，造成全体操作人员无法在全部知识领域均处于统一且较高技术水平的理想状态。因此，很多工作的处置依赖具体操作人员的经验和水平，操作效果不可控。

在管网数字孪生体建设过程中，可以利用知识图谱技术，建立管网行业知识图谱，对其进行系统学习，最终实现自动语义表达和问题答录。对于管网行业相关问题咨询，系统可自动给出相关规定和建议措施，从而将专家知识变为全体员工均可达到的知识服务水平，提高全员管理与操作技能。

## 第四节　管网数字孪生体建设过程中的典型场景

### 一、计量检定站数字孪生体建设

#### （一）案例概述及实践背景

近年来，随着国家管网集团计量业务的发展，某计量检定站流量计检定需求量也随之增加。随着设备的老化，安全的隐患也随之增加。为了动态实现高压大口径天然气流量计检定的智能化决策、精准化执行、数字化感知等动态过程，提升检定效率和检定质量控制水平，通过构建管道数字孪生系统，该计量检定站数字孪生体建设结合计量检定流量精确调节和质量管控的实际需求，首次实现了数字孪生、人工智能、大数据分析等技术在天然气实流检定工业化领域的融合应用，计量检定站数字孪生如图 4-4-1 所示。

#### （二）案例特征

##### 1.数字孪生平台

计量检定站数字孪生平台非单纯三维建模可视化呈现，而是把物理信息、空间信息与工艺、业务、物联网动态实时数据进行融合贯通，通过智能策略进行仿真测试后进行反向控制，实现可视化工艺流程管控、智能检定仿真与智能策略固化的双向映射。

图 4-4-1　计量检定站数字孪生体

数字孪生动态监控，以数字孪生系统展示全域、细分组织、重要位置、指定设备的各项监控状态。区域内有任何告警，系统将自动聚焦到对应位置，并可通过快速导航定位问题；通过系统联动可以高亮凸显全域内各个单元的关系，以及宏观层面内全局的逻辑和关系，并以多种图层的形式展示不同时空、环境下的数字孪生状态，在即视状态下，实现高效调动与决策优化。

通过对日常流量计检定数据开展归集、整理、分析，为计量标准管理提供了数据支撑，针对不同的分析需求在数据库中搭建数据分析模型，从不同维度调整数据的展示结果，进而实现天然气流量计量器具的全生命周期管理，可为客户制定计量器具维护保养方案提供参考依据，为智慧管网计量系统的精准可靠运行提供保障。

**2. 数字孪生智能检定系统**

1）智能化程度提高

站场智能化是建立在设备数字化和数据规范化的基础上，不断提炼数据深层次内容，将操作产生的数据经过大量计算分析再次服务于操作的过程。通过打通多个系统的数据壁垒，积累海量的生产运行数据。结合神经网络模型、机理模型、专家经验模型等一系列理论模型的计算结果，为站场运行优化提供解决方案。

2）感知能力丰富

数字孪生系统对生产的服务价值，不止步于三维可视化展示和数据采集存储，还通过大量的水力仿真和数据算法，完成多种工艺参数的补充计算和站场工况的动态预测。

3）安全监视全面

安全监视分为硬件级被动监视和软件级主动监视，可编程逻辑控制器

（Programmable Logic Controller，PLC）系统中部署涡轮超速保护、阀门平压保护、通信中断保护等安全保护逻辑，在出现异常情况时给出保护性操作。

4）流量控制高效

一个完整的检定点操作包含任务检查等众多步骤，智能检定控制器会结合数字孪生系统计算结果和当前站场状态生成控制方案，快速高效准确地完成流量点的调节。

5）人机交互友好

数字孪生智能检定系统操作简单、信息丰富，智能检定时，只需要提前配置好检定点设定信息，切换流量点后，各个系统相互配合，自动完成全部检定点设置。

## 二、在役管道数字化恢复

### （一）案例概述及实践背景

静态数字孪生体建设作为数字孪生体的重要组成部分，是发挥更高能级数字孪生体作用的重要基础。某公司依托某在役管道，通过开展在役管道数字孪生体建设，过程中逐步形成动静态数据整合技术、三维模型轻量化技术、数字化成果载体平台 DaaS 层构建技术等一系列自主化成果，为推进数字孪生技术在管道行业深入应用奠定了基础，助力管道行业智能化建设早日实现技术自主发挥重要作用。共构建的在役管道数字孪生体如图 4-4-2 所示。

图 4-4-2　在役管道数字孪生体

在役管道静态建设过程中依托基准点测量、管道中线探测、三维激光扫描、三维地形构建、数字三维建模等技术进行数据收集、校验及对齐，对管道建设期的设计、采办、施工及部分运行期的数据进行恢复，对站场及管道的设备、建筑等构建数字三维模型，形成管道线路数据资产库和站场数据资产库。通过多系统融合，深入发掘数据价值，实现管道可视化运行、设备拆解培训、指导维检修作业及应急抢险作业等，为实现管网智慧化运营奠定了数据基础。

## （二）案例特征

通过数字孪生体平台的建设，实现对该条管道数据资源的集中存储，为各个应用系统提供数据层集中服务的数据环境，实现数据的共享共用。结合管道实际提供相关的应用服务和接口服务，包括生产智能巡检、地灾监测等基础功能服务，对孪生模型进行有效支撑；通过对数据的挖掘展示，提供辅助决策支持。在标准统一和管道数字化的基础上，以数据全面统一、感知交互可视、系统融合互联、供应精准匹配、运行智能高效、预测预警可控为目标，通过"端＋云＋大数据"的体系架构集成管道全生命周期数据，提供智能分析和决策支持，用信息化手段大幅提升质量、进度、安全管控能力，实现管道的可视化、网络化、智能化管理。实现对各类管道业务数据的集中管理，为智能管道和各信息系统开展智能分析提供统一的数据来源，实现各系统间的信息共享。

# 第五章　面向智慧管网的知识图谱构建与应用方法论

## 第一节　方法论的提出背景

### 一、图是人类认知世界和描述世界的基本模式

人类认知世界和描述世界的基本模式可以从图的角度来审视。传统上，人类认知世界常常依赖于数据，通过数据来理解和描述世界。然而，数据认知存在固有缺陷，因为数据往往只是事物表面的呈现，无法完整地揭示事物背后的复杂关系和内在规律。

图是人的眼睛感知世界的方式，是人类基本的认知世界的方式。

数据和图的描述可以被视为同一个现象的两个不同侧面。以矩阵为例，数据可以被看作是对矩阵的一行一行的描述，而图则是对矩阵中每个元素的描述，呈现出更为全面和立体的信息。通过图的描述，人们可以更清晰地看到事物之间的联系、影响和演化规律，帮助我们更深入地理解和认知世界。

图不仅可以帮助人们更好地认知和描述世界，还可以作为一种强大的工具，帮助人们理清事物之间的逻辑关系，发现规律、预测趋势、指导实践。在信息化和数字化时代，图的运用将变得越来越重要，深入探讨和应用图的描述方式，对于人类认知水平的提升和社会发展的推动具有重要意义。

### 二、管道企业/系统是一张按照规则运行的图

管道企业是一个复杂系统，其中各个部门、员工、业务流程等元素相互联系、相互影响，共同构成了管道企业这个庞大而复杂的系统。在这个系统中，每个元素都扮演着特定的角色，执行着特定的任务，遵循着一定的规则和流程。

程序语言转向面向对象设计是人类对世界认知的重要转折点，它将系统设

计看作是一系列相互关联的对象之间的交互，表明人类是以现实世界为参照来描述系统本身的运行规律。在面向对象设计中，系统被抽象为一组对象，这些对象往往是现实世界存在的真实实体，这些对象具有特定的属性和行为，彼此之间通过消息传递进行交互。这种设计思想的转变使得系统的设计更加灵活、可扩展和易维护，在软件开发领域得到了广泛应用。

将管道企业看作是一张按照规则运行的图与面向对象设计有着一定的联系。管道企业内部的各个部门和员工可以被看作是系统中的对象，它们之间通过信息流、决策流、资源流等方式进行交互和协作，共同实现管道企业整体的运行目标。面向对象设计的思想可以启发管道企业管理者从系统化、模块化的角度思考管道企业的管理与运营，帮助他们更好地规划和优化管道企业内部的组织结构和运作方式。

随着信息技术的发展和管道企业管理理念的不断演进，管道企业将继续借鉴面向对象设计等先进思想，不断优化自身的运行模式和管理方式，提高生产效率、降低成本、提升竞争力。将管道企业视为一张按照规则运行的图，结合面向对象设计等现代设计思想，有助于管道企业更好地理解和把握自身的运行机制，推动管道企业持续创新与发展，应对市场竞争和挑战。

### 三、M 模型的提出

目前，知识管理已经成为管道企业管理的重要组成部分，被认为是管道企业的核心竞争力之一。知识管理融合了现代信息技术、知识经济理论、管道企业管理思想和现代管理理念，主流商业管理课程均将"知识管理"作为一项管理者的必备技能要求。

实际上，管理学家和管道企业管理者很早就认识到知识管理的重要性。彼得·德鲁克是当代西方最负盛名和最具影响力的管理学家之一，被称为"现代管理之父"，在管理哲学、管理原理、管理组织和高层管理等方面都有较深的研究和独到的见解。在他的管理理论体系中，知识管理一直占据重要的位置。例如，他是第一个提出"知识工作者"这个"新名词"的人，也率先为我们描绘出未来"知识型社会"的情景。在他的论著《新型组织的出现》中，表明未来的组织是一种新型的组织。这种组织是以知识和信息为基础的，其管理层级将不及一些传统管道企业的一半。他强调跨部门的专家小组在工作中的主力军作用，以及拥有不同知识的小组成员之间的协作的重要性。

知识图谱作为天然地图形化表达知识及其关系的技术，在知识管理方面发挥着越来越重要的作用。基于此，笔者结合国家管网集团公司知识图谱与知识体系构建的理论研究与实践经验，提出一种面向智慧管网、基于知识图谱的知识体系构建实施模型/方法论——M模型。M模型将管道企业任务等效为一个基于图谱的智能寻优模型，通过7个从上到下的任务分解和从下而上的任务综合的V字过程，获得从知识、语言角度对管道企业运作规律的认知，旨在为提升管道企业绩效奠定基础。

## 第二节 理论支撑

### 一、非线性动力学

非线性动力学是研究非线性系统行为的一门学科，其特点是系统的演化过程和行为不仅受到外部因素的影响，还受到系统内部各个因素之间的复杂相互作用的驱动。在非线性动力学中，图是一种重要的工具，用于描述系统的演化和行为。

非线性动力学中常用图示方法—相图来描述系统，相图是一种描述系统状态随时间演化的图形，通常用相空间中的轨迹表示系统的演化过程。在相图中，每个点代表系统在某一时刻的状态，而系统的演化则通过点在相空间中的轨迹来展现。相图可以直观地展示出系统的稳定性、周期性和混沌性等特征，为研究非线性系统的行为提供了重要的视觉化工具。

对于系统的跳跃式发展，图的状态描述也是非常有用的。在非线性动力学中，系统的演化往往不是连续的，而是存在突变或跳跃式的变化，例如系统的状态突然从一个稳定态跳跃到另一个稳定态，或者出现周期性的变化。这种跳跃式发展可以通过图的状态来描述，这种图的状态描述可以帮助我们理解系统在不同阶段的行为和特征，并揭示系统内部复杂性的来源和机制。

在非线性动力学中，系统的演化可能呈现出多种形态，如周期性振荡、混沌行为、孤立子等。这些形态可以通过不同类型的图来展示，如时序图、相图、分岔图等。通过图的表达，我们可以更好地理解系统的行为规律、特征和演化机制，从而为系统的预测、控制和优化提供理论基础和方法支持。

总之，非线性动力学中的图是一种重要的描述工具，可以用来展示系统的演化过程、跳跃式发展以及各种形态的特征。图的使用使得非线性系统的行为变得更加直观和可理解，为我们深入研究和理解复杂系统的行为提供了重要的手段和途径。

## 二、系统动力学

系统动力学是一种用于理解、设计和管理复杂系统的方法。它通过构建数学模型对系统进行模拟，帮助研究人员和决策者分析系统行为随时间的变化。

系统动力学由麻省理工学院的杰伊·福里斯特在20世纪50年代创立。其核心思想是利用反馈环（Feedback Loops）、存量（Stocks）和流量（Flows）来描述系统的动态行为。反馈环是系统中各变量之间相互影响的循环路径；存量代表系统中的积累量，如人口、资金或资源；流量则表示存量的变化速率，如出生率、投资或消耗量。

系统动力学作为一种分析和管理复杂系统的方法，已经在多个领域展现出了其独特的价值。通过构建反馈环、存量和流量的数学模型，系统动力学帮助我们更好地理解系统行为的动态变化。其应用不仅限于商业管理和公共政策，还广泛涉及环境保护、能源管理和教育培训等领域。随着技术的进步和跨学科合作的深化，系统动力学将在未来继续发挥重要作用，为解决复杂社会问题提供有力支持。

## 三、超图理论

超图理论作为知识图谱背后的数据基础，在当今信息时代发挥着重要作用。超图是图论的一种扩展，其允许边（关系）连接多个节点（实体），而不仅仅是两个节点之间的连接。换句话说，超图是一种更为灵活和丰富的数据结构，能够更好地描述复杂的关系和语义。

在知识图谱中，超图理论被广泛运用，其重要性体现在以下三个方面。

第一，超图理论提供了一种更为灵活和丰富的知识表示方式。在传统的图模型中，边只能连接两个节点，而超图允许边连接多个节点，从而可以更准确地描述实体之间的多对多关系，满足了实际应用中对复杂关系的需求。

第二，超图理论拓展了知识图谱的表达能力。通过引入超图，我们可以更全面地描述知识图谱中的知识，包括更复杂的关系、更丰富的语义信息等，从而提升知识图谱的表达能力和表达效果。

第三，超图理论还为知识图谱的应用提供了更多可能性。在知识图谱的应用中，常常需要处理复杂的实体关系，如推荐系统、信息检索等。而超图的引入可以使得知识图谱更适用于这些复杂应用场景，提升了知识图谱在实际应用中的效果和性能。

超图理论作为知识图谱背后的数据基础，在知识表示和应用中发挥着重要作用。通过对超图理论的深入研究和应用，我们可以更好地理解知识图谱的本质和构建过程，从而推动知识图谱技术的发展和应用。

### 四、六西格玛理论

六西格玛（Six Sigma）是一种数据驱动的管道企业改进方法论，旨在通过减少变异性、提高质量水平和降低缺陷率来实现业务过程的优化和改进。它是一种全面的管理体系，涵盖了从问题识别到解决方案实施的全过程。六西格玛理论的实施涉及一系列的工具和方法，其中包括了SIPOC图、鱼骨图和过程实施图等图示化工具，质量改进中的"老七法""新七法"等也都是用图的方式来表达事物之间的关系。

SIPOC图是六西格玛项目中常用的一种工具，是一种典型的时间序列知识图谱，用于识别和梳理业务过程中的关键要素，包括供应商（Suppliers）、输入（Inputs）、过程（Processes）、输出（Outputs）和客户（Customers）。通过绘制SIPOC图，可以清晰地了解业务过程的各个环节之间的关系和交互，有助于团队全面理解业务流程，并确定改进的方向和重点。

综上所述，六西格玛理论涵盖了从问题识别到解决方案实施的全过程，并借助一系列工具和方法来帮助管道企业实现业务过程的优化和改进。SIPOC图、鱼骨图和过程实施图等作为其中的重要工具之一，为团队提供了清晰的思路和方法，帮助他们系统性地分析问题，确定改进方向，并持续推动业务过程的改进和提升。

### 五、CMMI

CMMI是一种广泛应用于软件开发领域的管理模型，旨在通过规范化开发过程来实现对软件质量的有效控制。其核心理念是通过逐步提升组织的能力水平，使其在软件开发过程中能够达到更高的成熟度水平，从而提高软件产品的质量和交付效率。

CMMI也被视为一种提升管道企业管理能力的模型。通过制定一系列的规范和最佳实践，CMMI约束了组织中人员的行为和决策，从而确保了组织在软件开发过程中的整体执行效率和质量水平。这种约束不仅体现在对开发人员的行为规范上，还包括对项目管理、需求管理、配置管理等方面的规范要求，从而全面提升了管道企业的管理水平和绩效表现。

CMMI 中大量采用图示化方法，如泳道图、用例图等，充分体现了面向对象的思想。这些图形化工具能够直观地展现软件开发过程中的各个环节和关系，帮助团队成员更好地理解和协调彼此的工作，从而提高沟通效率和工作协同能力。同时，这些图形化工具也有助于发现和解决潜在的设计和实现问题，从而进一步提升软件开发过程的质量和效率。

CMMI 作为一种软件开发管理模型，不仅通过规范化开发过程实现了对软件的质量控制，同时也提升了管道企业的管理能力和绩效水平。其图形化方法的运用更是将面向对象的思想融入了管理实践中，为软件开发团队提供了更为直观和高效的工作方式。

## 第三节　智慧管网 M 知识模型架构

智慧管网 M 模型如图 5-3-1 所示，由三部分组成，左右两边为 DIKW 和智慧管网两个支柱，中间的 V 核是方法论从上而下的任务分解以及由下而上的任务综合的七个阶段。这三部分融为一体构成一个"M"形状，称为 M 模型，是面向智慧管网的知识体系建设实施方法论。M 模型立足油气管网业务数字化发展，参考通用知识理论模型，形成"业务、应用、技术"三位一体的思路，以"战略目标—业务规划—业务活动—知识模型"业务自顶向下逐层分解找知识，以"知识模型—交互分析—认知推理—决策执行"应用自底向上逐层用知识，以知识网络化、精准化、智能化和价值化各阶段的技术攻关为保障，形成面向智慧管网的知识体系构建 M 方法论。

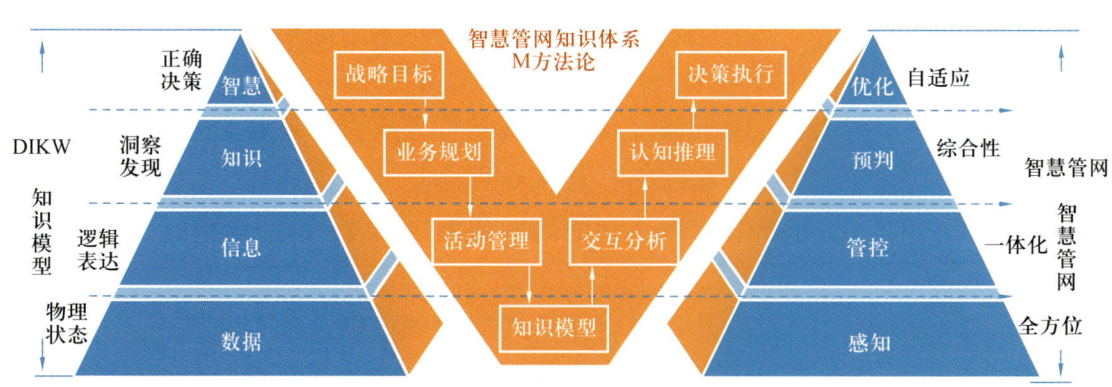

图 5-3-1　M 模型架构示意图

智慧管网 M 模型与其他模型不同之处在于，它从知识的视角来认知世界。所谓知识的视角可以理解为语言的视角，主要是指自然语言，人的所有的思想和认知都在语言里面，同样，任何事物的规律都可以用语言来表达。知识图谱作为一种可视化的语言，以图为基本数学工具，是人类理解和共享规律的桥梁。

（1）以知识工程为基础。知识工程是一门综合性的学科，它将计算机科学、信息技术、认知科学等多个领域的知识融合在一起，旨在构建能够处理和利用知识的系统。在管道企业应用中，知识工程扮演着重要角色，帮助管道企业管理和利用海量的数据和信息。

管道企业知识工程是管道企业智能化的基础，知识工程完成知识建模、知识表示、知识获取、知识推理等方面的任务，为人工智能的大规模建模准备素材，基于自然语言处理的知识抽取技术可以从海量文本中提取出有用的知识，为基于机器学习的知识推理建模准备语料，而 AI 模型可以帮助管道企业发现知识之间的关联和规律。

（2）以标准化的知识模型构建为核心。M 模型的核心在于构建标准化的知识模型。正如一家实体管道企业要大规模发展必须建立标准库一样，比如标准零部件、标准螺钉等，M 模型的核心也是为业务建立标准的知识模型。这一模型不仅包括管道企业内部的业务流程、组织结构等基本信息，还涵盖了管道企业所涉及的各个领域的知识。通过对这些知识进行建模和标准化，管道企业能够更加清晰地了解自身的业务和竞争环境，从而为决策和管理提供更加准确和及时的支持。

（3）以智能应用为目标。智能不仅仅是一种方法也是一种目标。当我们用 AI 技术将海量的数据连接在一起构成一个模型时，智能是一种手段；当我们要实现管道企业的智能化，实现智能制造，或者智慧化转型，智能是一种目标。

智能化是 DIKW 发展的必然阶段，智能核心在于类人，即拥有类似于人的大脑以及相应的决策机制，这就是神经网络、深度学习以及现在 GPT（Generative Pre-trained Transformer）的核心思想，尤其是 GPT 的 transformer 机制，模仿了人的语言过程，取得了巨大的进步。

端到端的智能技术应用包括从知识的获取、存储、处理到应用等整个过程，管道企业可以利用智能化的数据采集和清洗技术获取海量的数据，并通过智能化的数据分析和挖掘技术发现数据中的规律和趋势，进而应用到决策和管理中。

# 一、M 模型左翼：以知识工程打通 DIKW 链条

## （一）DIKW 模型

DIKW 模型是一种常用的知识管理框架，将数据（Data）、信息（Information）、知识（Knowledge）和智慧（Wisdom）四个层次串联起来，描述了这些层次之间的关系和演化过程。在管道企业知识管理中，DIKW 模型被广泛应用于帮助管道企业理解和利用数据，并实现从数据到智慧的知识转化。

（1）数据是 DIKW 模型的基础层次，是对客观事物的记录和描述。数据通常以数字、文字、图形等形式存在，但本身并不具有意义。在管道企业中，数据可以是交易记录、生产数据、客户信息等各种形式的信息。

（2）信息是对数据进行加工和解释后所得到的结果，具有一定的意义和价值。信息是对数据进行组织、分类、汇总等操作后所得到的，可以帮助人们更好地理解和利用数据。例如，将销售数据按照地区和时间进行分类汇总，得到的销售额统计报表就是一种信息。

（3）知识是对信息进行深入理解和分析后所得到的，具有更高的抽象性和普遍性。知识是基于经验和理论的，是人们对事物规律和关系的认识和总结。在管道企业中，知识可以是对市场趋势的分析、产品技术的研发经验、管理经验等。

（4）智慧是 DIKW 模型中的最高层次，是对知识的深度理解和创造性应用。智慧不仅包括对已有知识的运用，还包括对未知事物的发现和创新。在管道企业中，智慧可以体现为战略决策、创新管理、领导力等方面的能力和智慧。

DIKW 模型为管道企业提供了一种系统化的思维方式，帮助管道企业理解和管理自身的知识资产，实现知识的转化和创新。在当今信息化和数字化的时代背景下，DIKW 模型具有重要的指导意义，为管道企业的知识管理和创新提供了有力支持。随着人工智能和知识工程技术的不断发展，相信 DIKW 模型在未来将发挥越来越重要的作用，成为管道企业智能化发展的重要基石。

## （二）知识工程

知识工程是构建智慧型管道企业的关键路径。在当今信息化和数字化的时代，管道企业面临着海量的数据和信息，如何有效地管理和利用这些知识资产成为管道企业发展的关键。知识工程作为一种系统化的方法论和技术体系，旨

在帮助管道企业构建智慧型组织，实现知识的获取、存储、传播和应用。

知识工程是一门跨学科的领域，它将计算机科学、人工智能、认知科学、信息科学等多个学科融合在一起，旨在开发和利用计算机系统来处理和利用知识。知识工程致力于构建能够模拟人类智能的系统，实现对知识的自动化管理和智能化应用。

知识工程的核心技术包括以下四个方面。

（1）知识表示与建模。知识表示是知识工程的核心技术之一，将知识以一种计算机可以理解和处理的形式进行表示和存储。常用的知识表示方法包括语义网络、本体论、规则表示等。通过合适的知识表示方法，可以实现对知识的高效管理和推理。

（2）知识获取与抽取。知识获取是指从各种信息源中提取出有用的知识。知识抽取技术可以帮助管道企业从文本、图像、视频等海量数据中自动化地提取出结构化的知识。常用的知识抽取技术包括自然语言处理、机器学习、深度学习等。

（3）知识存储与管理。知识存储与管理是指将获取到的知识进行有效的组织、存储和管理。知识图谱是一种常用的知识表示和存储方法，它将知识以图形结构的形式进行表示，便于对知识进行查询和推理。除此之外，管道企业还可以通过建立知识库、文档管理系统等方式来管理知识。

（4）知识推理与应用。知识推理是指基于已有知识进行推理和分析，从而得出新的知识或结论。知识推理技术可以帮助管道企业发现知识之间的关联和规律，支持决策和问题解决。常用的知识推理技术包括逻辑推理、推荐系统、智能问答等。

知识工程作为一种跨学科的技术体系，为管道企业构建智慧型组织提供了重要支持。通过合理运用知识工程技术，管道企业可以更加高效地挖掘、管理和利用知识资产，实现智能化的业务流程和决策管理。

## 二、M 模型右翼：以 AI 赋能智慧管网

### （一）人工智能

人工智能是赋能管道企业智慧化发展的引擎。人工智能技术正在深刻地改变着各行各业，为管道企业带来前所未有的发展机遇和挑战。在 M 模型的框架下，人工智能扮演着重要的角色，为智慧管网建设提供强大的技术支持。

人工智能是一种模拟人类智能的技术和方法，旨在使计算机系统具备像人类一样的学习、推理、决策和交流能力。人工智能技术包括机器学习、深度学习、自然语言处理、计算机视觉等多个方面，已经在图像识别、语音识别、智能推荐、自动驾驶等领域取得了显著的成就。

人工智能的核心技术包括以下四个方面。

### 1. 机器学习

机器学习是人工智能的核心技术之一，它通过对数据的学习和训练，使计算机系统具备从数据中发现规律和模式的能力。常见的机器学习算法包括支持向量机、决策树、神经网络等，可以用于分类、回归、聚类等任务。

### 2. 深度学习

深度学习是机器学习的一种特殊形式，它利用深度神经网络模拟人脑的神经元结构，实现对复杂数据的高级特征学习和表征。深度学习在图像识别、语音识别、自然语言处理等领域取得了巨大成功，成为当今人工智能的主要驱动力之一。

### 3. 自然语言处理

自然语言处理是人工智能的一个重要分支，旨在使计算机系统能够理解和处理自然语言。自然语言处理技术包括文本分类、命名实体识别、情感分析、机器翻译等，已经广泛应用于智能客服、智能搜索、智能写作等场景。

### 4. 计算机视觉

计算机视觉是指使计算机系统具备对图像和视频进行理解和分析的能力。计算机视觉技术包括目标检测、图像分割、图像生成等，已经应用于人脸识别、智能监控、医学影像分析等领域。

## （二）智慧管网

智慧管网是在标准统一和数字化管道的基础上，以数据全面统一、感知交互可视、系统融合互联、供应精准匹配、运行智能高效、预测预警可控为特征，通过"端+云+大数据"体系架构集成管道全生命周期数据，提供智能分析和决策支持，用信息化手段实现管道的可视化、网络化、智能化管理，具有全方位感知、综合性预判、一体化管控、自适应优化的能力。智慧管网利用先进的信息技术和通信技术，将传感器、数据采集设备、智能控制系统等智能化设备连接起来，实现管道建设、运行、维护等管理过程的数字化、网络化和智能化，为管道企业的生产经营带来了新的机遇和挑战。智慧管网的主要技术包括以下三个方面。

1. 智慧管网通用技术

智慧管网通用技术是指智慧管网各个专业系统都会使用的技术，分为智能感知技术、智能传输技术、智能处理技术和智能应用技术。智能感知通过物联网技术、卫星定位技术、智能终端技术、边缘技术、信息协同处理技术等感知手段，从智慧管网的最底层采集海量基础信息，实现管道本体、设备设施、周边环境、管理人员以及储备物资等实时泛在感知，是智能化管道建设的数据基础。智能传输通过大容量通信技术、光通信技术、异构网络融合技术、无线接入技术、软件定义网络技术等智能传输技术，实时、稳定地传输智能终端的采集数据，实现网络互联互通，打破信息孤岛。智能处理是智慧管网的核心技术，采用人工智能和大数据分析技术，为管道业务提供识别、判断、分析和决策能力。

2. 智慧管网专用技术

智慧管网专用技术将处理的信息与铁路业务相整合，实现具体智能化业务功能。根据管道运输业务特征，将智慧管网专用技术划分为智能工程建设、智能设备运维、智能调控运行、智能安全管理四大板块。

智能工程建设技术包括管道智能选线、管道智能化协同设计、数字化设计交付、管道智能化施工、基于数字孪生的建造管理、智能工地、进度质量安全智能管控、数字化竣工交付等。

智能设备运维技术包括设备运行状态实时监控、巡检机器人、设备数字履历管理、设备故障智能诊断、设备状态预警预测、设备健康评估、设备预测性维修、维抢修机器人等。

智能调控运行技术包括管输计划智能调整、调度命令数字化编制、多维信息融合的应急调控辅助决策、应急预案知识图谱、应急处置智能评价等。

智能安全管理技术包括一体化智能综合视频、地质灾害监测与预警、泄漏监测与预警、阴极保护及腐蚀监测与预警、管道位移及应力应变监测与预警、管体缺陷和应力智能化评判、安全风险评价与预测、安全综合管理等。

3. 共性技术

共性技术是各个领域智能化的基础和前提技术，包括安全和隐私、标识和解析、质量管理、网络管理和公共技术。

## 三、M 模型 V 内核：以知识驱动业务智能

V 内核是构建智慧管网知识智能化的关键路径。V 内核是指在知识工程技术体系和智能制造技术体系两个支柱之间，构建管道企业知识智能化的具体过程。这一过程涉及从上到下和从下到上的七个步骤，形成了一个 V 字形的结构，称为 V 内核。

V 内核是一种智慧管网知识智能化的框架，旨在帮助管道企业从战略目标到决策行动的各个层面实现知识的智能化获取与应用。

V 内核的第一步是明确智慧管网的战略目标，确定知识智能化的发展方向和重点。管道企业需要根据自身的发展需求和市场竞争情况，制定清晰的战略目标，为知识智能化的实施指明方向、奠定基础。

在确定了战略目标之后，管道企业需要制定具体的业务规划，明确知识智能化的实施范围、路径、步骤。业务规划包括确定业务流程、制定项目计划、分配资源等，为知识智能化的实施提供指导和支持。

活动管理一方面是指对知识智能化的实施过程进行管理和监控，确保按时、按质、按量地完成知识智能化的任务和目标。另一方面指实现面向知识应用的业务梳理与建模，为知识智能化项目顺利实施，并最终服务业务智能提供保障。

知识模型是指对管道企业知识进行抽象和建模，形成可计算的知识表示。通过建立知识图谱、本体论、规则库等知识模型，可以实现对知识的组织、存储和共享，为后续的智能分析和推理提供基础。

交互分析是指利用数据分析、可视化技术、人机交互，对管道企业知识进行深入挖掘和分析，发现知识之间的关联和规律，对知识模型和系统进行验证与优化。通过交互分析，可以实现对知识的深度理解和洞察，提升模型与系统适用性。

认知推理是指利用人工智能技术对知识进行推理和分析，从而得出新的知识或结论。通过认知推理，可以实现对知识的深层次理解和逻辑推断，为管道企业决策提供智能支持和指导。

决策行动是指根据认知推理的结果，形成自主或辅助决策的结果，制定并执行相应的决策行动，实现知识智能化的落地应用。管道企业需要根据智能分析的结果，及时调整业务策略、优化生产流程，以实现战略目标和提升竞争力。

V内核为管道企业提供了一种系统化和全面化的知识智能化实施路径，可以帮助管道企业有效地管理和应用知识资产，提升管道企业的竞争力和创新能力。通过V内核的应用，管道企业可以实现知识的深度挖掘和智能化应用，为未来的发展奠定坚实的基础。

V内核作为一种知识智能化的实施框架，为管道企业在两个支柱之间搭建了一座连接桥梁，构建了一个从战略目标到决策行动的完整体系，助力管道企业迈向智慧化和可持续发展的新时代。

## 第四节 实施路线

在M模型整体架构下，面向智慧管网的知识体系建设实施架构如图5-4-1所示。

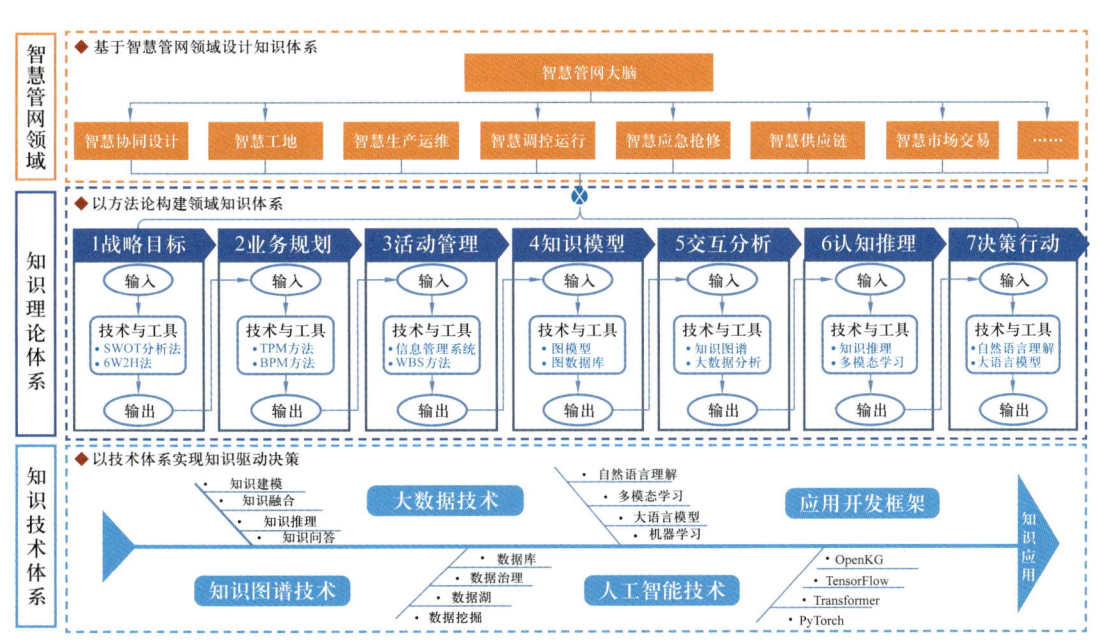

图5-4-1 实施架构示意图

该实施架构分为三层，底层是知识技术体系，主要是以知识图谱为核心的人工智能技术；中间层是知识理论体系，是对业务的建构式展开，将复杂任务分解为前后关联的七个步骤，是M模型的SIPOC，其中的每个阶段都可以等效为一个$y=f(x)$模型，建立模型$f$也可以有很多方法，以图谱方法为主线描述实际业务，通过图、超图理论，运用非线性动力学、复杂系统理论等，对业务过程进行标准化建模。最上层是智慧管网各业务领域的应用，助力具体的业

－149－

务目标的实现，并最终支撑智慧管网蓝图的落地。

实施路线指中间七个实施步骤，下面对每个步骤进行简单介绍。

## 一、战略目标

战略目标是引领管道企业智慧化转型的指南针。战略目标是管道企业智慧化转型的起点和指导，它指明了管道企业所要达成的长期目标和愿景。在 V 内核的框架下，制定清晰明确的战略目标是管道企业成功实施知识智能化的关键一步。

战略目标的重要性在于以下三个方面。

（1）指导方向：战略目标为管道企业智慧化转型指明了发展方向和目标，为管道企业未来的发展提供了明确的导向。

（2）统一行动：战略目标的制定能够统一管道企业内部的行动和资源，确保各部门和团队都朝着相同的目标努力，形成合力。

（3）提升竞争力：通过制定与市场需求和技术发展相适应的战略目标，管道企业能够提升自身的竞争力，抢占先机。

战略目标的制定过程如下。

（1）环境分析：管道企业在制定战略目标之前，需要对内外部环境进行全面分析，了解市场趋势、竞争对手、技术发展等因素。

（2）目标设定：在环境分析的基础上，管道企业可以制定符合实际情况的战略目标，明确管道企业未来发展的方向和目标，确保目标具有可行性和可实施性。

（3）绩效评估：制定战略目标后，管道企业需要建立相应的绩效评估体系，定期评估和调整目标的实施进度和效果，确保战略目标的顺利实现。

战略目标作为管道企业智慧化转型的起点和指导，具有重要的意义和作用。通过制定清晰明确的战略目标，可为管道企业可以指明发展方向、统一行动、提升竞争力，实现可持续发展。在 V 内核的框架下，战略目标扮演着关键的角色，是管道企业智慧化转型的基石和指南针。

战略目标制定阶段通常使用 SWOT 分析法、6W2H 法等技术和工具。

## 二、业务规划

业务规划是从战略目标向具体行动的过渡，是实现战略目标的具体操作指南。通过合理的业务规划，管道企业可以将战略目标转化为可操作的任务和计划，为实施智慧化转型与知识智能化项目提供具体的指导和支持。

业务规划的意义在于以下三个方面。

（1）明确路径：业务规划为管道企业智慧化转型提供了明确的路径和步骤，帮助管道企业从战略层面向具体行动过渡，实现战略目标的落地。

（2）资源分配：通过业务规划，管道企业可以合理配置资源，包括人力、物力和财力，确保知识智能化项目的顺利实施和运行。

（3）风险控制：业务规划可以帮助管道企业识别和评估潜在风险，采取相应的措施和对策，降低项目实施过程中的风险和不确定性。

业务规划的制定过程如下。

（1）现状分析：在制定业务规划之前，管道企业需要对内外部环境进行全面分析，了解管道企业的优势和劣势，把握市场的机遇和挑战。

（2）目标设定：根据战略目标，管道企业可以制定具体的业务目标和任务，明确智慧化转型以及知识智能化应用的发展方向和重点领域，为后续的规划提供基础。

（3）计划制定：在设定了目标之后，管道企业需要制定相应的计划和措施，包括项目计划、资源配置、时间安排等，确保项目的顺利实施和运行。

（4）绩效评估：制定业务规划后，管道企业需要建立相应的绩效评估体系，定期评估和监控项目的实施进度和效果，及时调整计划和措施，确保项目达到预期目标。

业务规划作为管道企业智慧化转型与知识智能化项目的具体操作指南，具有重要的意义和作用。通过制定清晰明确的业务规划，管道企业可以将战略目标转化为可操作的任务和计划，保障项目的顺利实施和运行。

业务规划通常使用全员生产维护（Total Productive Maintenance，TPM）方法、业务流程管理（Business Process Management，BPM）方法等技术和工具。

## 三、活动管理

活动管理阶段涉及两方面的任务，一是作为实施计划的执行者，通过合理的活动管理，确保项目的顺利实施、资源的有效利用以及风险的有效控制，从而推动项目向着预期目标稳步前进，即项目活动管理；二是要对业务活动、知识活动进行合理的分解，实现业务建模，将业务流程/业务活动、功能/业务目标、数据/知识、资源视图与基础指标等相结合，从而保证知识体系构建满足业务应用的需求，即面向知识应用的业务活动建模与管理。

### （一）项目活动管理

作为知识体系构建或智能化项目的具体活动的管理，其重要性在于以下三个方面。

（1）实施计划的执行者：将战略目标和业务规划转化为具体行动，负责组织和协调各项活动，推动项目的顺利实施。

（2）资源的有效利用：通过活动管理，管道企业能够合理配置资源，包括人力、物力和财力，确保资源的有效利用和最大化价值的释放。

（3）风险的有效控制：活动管理能够帮助管道企业识别和评估潜在风险，采取相应的措施和对策，及时应对和控制项目实施过程中的风险和不确定性。

活动管理的实施过程如下。

（1）规划活动：在实施活动之前，管道企业需要进行详细的活动规划，包括确定活动的范围、目标、任务、资源需求等，确保活动的顺利实施。

（2）组织活动：在活动规划确定之后，管道企业需要组织相关人员和资源，制定活动计划和时间表，分配任务和责任，确保各项活动有序进行。

（3）实施活动：一旦活动计划和组织准备就绪，管道企业就可以开始实施各项活动，按照计划和时间表推进项目的实施，确保项目按时、按质、按量完成。

（4）监控活动：在活动实施过程中，管道企业需要不断监控活动的进度和效果，及时发现和解决问题，确保项目顺利实施，达到预期目标。

（5）调整活动：根据监控结果，管道企业需要及时调整活动计划和措施，适应外部环境的变化和内部需求的调整，确保项目的顺利实施和最终成功。

### （二）面向知识应用的业务活动建模与管理

作为业务活动梳理与建模的活动管理，其重要性在于以下四个方面。

（1）梳理业务流程：业务建模有助于全面梳理管道企业的业务流程，明确各个部门和岗位的职责与权限，从而确保知识管理活动的顺利进行。

（2）识别知识需求：通过对业务模型的深入分析，可以发现管道企业在知识管理与应用方面的需求，为制定针对性的知识管理策略提供依据。

（3）优化知识资源配置：业务建模能够帮助管道企业了解知识资源的分布和流动情况，从而优化资源配置，提高知识利用效率。

（4）提升知识管理能力：通过业务建模，管道企业可以建立起一套完整的知识管理体系，提升员工的知识获取、共享、应用和创新能力，进而增强管道企业的核心竞争力。

活动管理的实施过程如下。

（1）需求分析：了解管道企业的业务特点和痛点，为后续建模工作提供指导。

（2）数据收集：收集管道企业的业务流程、组织结构、信息系统等相关资料，确保建模所需的数据和信息齐全。

（3）业务流程梳理：根据收集的数据，对管道企业的业务流程进行梳理，形成流程图或业务模型图，明确各个环节的输入输出、处理逻辑和责任人。

（4）知识资源识别：在业务流程梳理的基础上，识别知识资源的类型和来源，分析知识在业务流程中的流动和利用情况。

（5）模型优化与调整：根据知识资源识别的结果，对业务模型进行优化和调整，确保模型能够准确反映管道企业的业务特点和知识管理与应用需求。

（6）模型验证与评估：通过实际运行和测试，验证业务模型的准确性和有效性，并根据评估结果对模型进行进一步调整和完善。

活动管理通常使用信息管理系统、工作分解结构（Work Breakdown Structure，WBS）方法等技术和工具。

## 四、知识模型

知识模型将管道企业的知识资产转化为可计算和可应用的形式，为管道企业提供智能化决策和服务的基础。通过建立和应用知识模型，管道企业可以实现知识的共享和传承，提高决策效率和创新能力，推动智能化转型向着预期目标迈进。

知识模型的重要性在于以下三个方面。

（1）知识资产的转化：知识模型能够将管道企业的知识资产转化为可计算和可应用的形式，使得知识可以被机器理解和利用，为管道企业提供智能化决策和服务的基础。

（2）提升知识获取与应用效率：知识模型能够打破部门间的知识壁垒，促进知识在管道企业内部的共享和传播。通过模型，员工可以更加方便地获取所需的知识和信息，提高工作效率和质量。

（3）降低知识获取成本：通过知识模型，管道企业可以更加高效地获取和利用外部知识资源，减少重复劳动和资源浪费。此外，模型还能提高管道企业的学习能力和适应能力，使管道企业在面对变化时能够迅速做出反应。

知识模型的建立过程如下。

（1）知识抽取：需要从各种数据源和知识载体中抽取有效的知识，包括文本、图像、视频等形式的知识，建立起知识库和知识图谱。

（2）知识表示：通过对抽取的知识进行表示和标注，将其转化为计算机可以理解和处理的形式，建立起知识模型的基础。

（3）知识推理：基于建立的知识模型，管道企业可以进行知识推理和推断，发现知识之间的关联和规律，为智能化决策和服务提供支持。

（4）知识应用：建立完善的知识模型后，管道企业可以将其应用于各个领域，包括智能客服、智能推荐、智能风控等，提高服务质量和用户体验。

通过建立和应用知识模型，管道企业可以实现知识资产的转化，提高知识资产应用效率，从而进一步提升管道企业决策效率和创新能力。可以说，知识模型是管道企业的重要资产。

知识模型构建通常使用图模型、图数据库等技术和工具。

### 五、交互分析

交互分析涉及管道企业内外部之间的信息交流与沟通，是确保智能化系统与人类用户之间顺畅互动的关键。通过合理的交互分析，管道企业可以优化用户体验、提高系统效率、提升模型准确性。

交互分析的重要性在于以下三个方面。

（1）用户体验优化：交互分析可以帮助管道企业深入了解用户需求和行为，优化用户界面和交互方式，提升用户体验，增强用户黏性。

（2）模型优化与系统提升：通过知识模型的交互应用，可以进一步进行模型的优化；通过分析用户行为和需求，可以优化系统设计和功能设置，提高系统的响应速度和处理效率。最终，通过模型优化和系统提升，可以实现知识系统的整体功能和性能的提升。

（3）智能化应用：交互分析为智能化应用提供了重要支持，能够帮助管道企业构建智能化系统，实现智能决策和智能服务，提升管道企业的竞争力和市场地位。

交互分析的实施过程如下。

（1）用户调研：管道企业需要通过用户调研等方式，收集用户的需求和反馈，了解用户的行为习惯和偏好，为交互分析提供数据支持。

（2）数据分析：管道企业需要对收集到的用户数据进行分析和挖掘，发现用户的行为模式和趋势，识别用户需求和痛点，为交互设计提供参考。

（3）交互设计：基于数据分析的结果，管道企业可以进行交互设计，包括界面设计、功能设计、交互流程设计等，以提升用户体验和系统效率。

（4）测试优化：设计完成后，管道企业需要进行交互测试，收集用户反馈，发现和解决问题，不断优化系统与模型，确保模型的适用性以及系统的顺利实施和运行。

交互分析通过优化用户体验、提高知识模型准确性、构建智能化应用，为项目目标的达成提供了重要支持。

交互分析通常使用知识图谱、大数据分析等技术和工具。

## 六、认知推理

认知推理指基于人工智能技术，特别是构建的知识图谱与知识体系，对数据进行分析和处理，从中进一步提炼出知识、发现规律，以支持决策和解决问题。通过合理的认知推理，管道企业可以实现智能化的数据分析和决策，推动业务发展和提升竞争力。

认知推理的意义在于以下三个方面。

（1）数据价值挖掘：认知推理可以帮助管道企业从海量数据中挖掘有价值的信息和知识，发现数据之间的关联和规律，为管道企业决策提供支持。

（2）智能化决策支持：基于认知推理的结果，管道企业可以进行智能化的决策分析，预测未来趋势，制定合理的发展策略，提高决策效率和准确性。

（3）业务流程优化：通过认知推理，管道企业可以发现业务流程中的瓶颈和问题，优化业务流程，提高效率和生产力，降低成本，增强竞争力。

认知推理的实施过程如下。

（1）数据收集与清洗：管道企业首先需要收集各类数据，包括结构化数据和非结构化数据，并进行数据清洗和预处理，确保数据的质量和完整性。

（2）数据分析与建模：基于清洗后的数据，管道企业可以进行数据分析和建模，运用统计学、机器学习、知识图谱等方法，发现数据之间的关联和规律，构建认知模型。

（3）认知推理与预测：通过认知推理，管道企业可以对建立的认知模型进行推理和预测，分析数据变化趋势，预测未来发展趋势，为管道企业决策提供参考。

（4）决策支持与优化：基于认知推理的结果，管道企业可以进行智能化的决策分析，制定合理的业务策略和发展规划，优化业务流程，提高管道企业的竞争力。

认知推理通过挖掘数据价值、提供智能化决策支持、优化业务流程，为管道企业业务决策提供了重要支持，推动业务发展和提升竞争力。

交互分析通常使用知识推理、多模态学习等技术和工具。

## 七、决策行动

决策行动是将数据、信息和知识转化为实际行动和结果的过程，是推动智能化系统持续发展和优化的核心环节。在目前阶段，知识驱动下的决策更多还是辅助人工决策，相信随着技术的不断发展，将会出现越来越多的系统自主决策应用场景。

决策行动的重要意义在于以下三个方面。

（1）提高决策效率：基于认知推理的辅助或自主决策系统能够在短时间内分析大量数据和信息，通过自动化的处理过程快速生成决策建议或决策结果。相比传统的人工决策方式，辅助或自主决策极大地提高了决策制定的效率，使组织能够更快速地响应市场变化和业务需求。

（2）增强决策准确性：认知推理技术能够深入挖掘数据背后的规律和关联，提供更为全面、深入的分析结果。智能系统基于这些分析结果进行决策，能够有效避免人为因素导致的决策偏差和误差，从而提高决策的准确性。

（3）实现战略目标：决策行动是将管道企业的战略目标转化为具体行动和实际结果的过程，是实现战略目标的关键一步。通过合理的决策行动，管道企业可以优化资源配置，提高资源利用效率，降低成本，增强管道企业的竞争力。

决策行动的实施过程如下。

（1）信息收集与整合：决策行动的首要步骤是收集并整合相关的信息和数据。这些信息可能来自多个渠道，包括内部系统、外部数据库、传感器等。系统需要将这些信息进行清洗、整合和格式化，以便进行后续的知识推理和分析。

（2）知识推理与分析：在信息收集与整合的基础上，系统利用知识推理技术对数据进行分析和挖掘，从而揭示数据背后的深层含义和潜在规律。

（3）决策生成与选择确定：基于知识推理与分析的结果，系统能够自动生成决策方案。这些方案可能涉及多个可选项，每个选项都有其独特的优势和风险。在一些场景中，由业务人员从这些方案做出选择，或者以这些方案为参考形成新的决策。在另外一些场景中，系统会根据预设的评估标准和优化算法，对各个选项进行综合评价和比较，最终选择出最优的决策方案。

（4）实施监控与评估：在决策实施过程中，管道企业需要不断监控和评估决策的执行情况和效果，及时发现和解决问题。

（5）调整与优化：根据监控评估的结果，管道企业需要及时调整和优化前述知识模型与推理机制，保障决策的顺利实施和最终成功。

决策行动阶段通常使用人工智能、自然语言理解、知识图谱、大语言模型等技术和工具。

## 第五节　知识库构建与应用案例

油气管网知识库构建与应用技术研究成果在科技管理平台（一期）项目中的知识管理模块进行了应用，验证了该项成果在科技管理业务中的业务体系、应用体系、技术体系设计的整体正确性；验证了知识库理论架构、知识图谱模型整体正确性，并根据实际业务的深入实现而进行了细化、调整和完善，同时也有少量的知识类型和分类在实际应用中被裁剪，以适应实际的数据基础和应用场景需要；验证了实施方案的完整性和合理性，在实际任务开展过程中，细化了场景分析、知识分类设计、知识模板设计、知识图谱设计、技术架构设计、任务分配以及交付物等内容。科技管理平台知识图谱实例如图 5-5-1 所示。

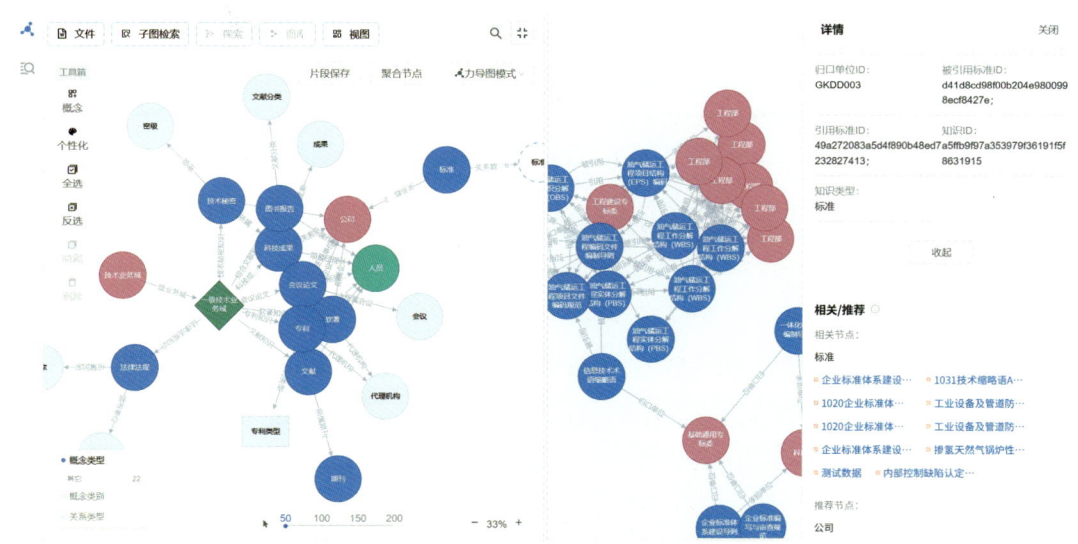

图 5-5-1　科技管理平台知识图谱实例

通过技术成果的应用，聚合管网内部科技创新项目成果、企业标准、自主研发申请的专利、软件著作，连通内部和外部主流的知网、万方平台中管道领域科技研究学术文献、会议论文和期刊共 11 类专业知识，建成科技成果、标准、知识产权、科技文献、PRCI 等五大知识专题库和特色管网知识图谱，初步建成科技专业知识库并为科技管理提供知识应用服务。支撑一站式搜索、详情查阅、资料下载等应用方式，帮助用户快速、准确地获得想要的知识，实现了科技管理领域内部知识的集中汇聚、规范管理、统一应用，为拓展科技知识库内容，提升知识服务能力，提高知识应用智能化，推动科技管理精细化提供了技术支持。一站式搜索界面如图 5-5-2 所示。

图 5-5-2　科技管理平台知识应用——一站式搜索界面

# 第六章　智慧管网与能源互联网融合发展

## 第一节　能源互联网综合能源系统

自 20 世纪以来，人类主要以化石能源作为主要的能量来源，但大量开采和使用，导致传统化石能源不断减少。同时，使用过程中产生的各种温室气体及废气废物等对环境造成的污染日益引起人们的关注，各种形式的绿色可再生新能源诸如太阳能、风能正在越来越多地受到全球研究人员的青睐。图 6-1-1 为 2020 年主要国家能源结构，可知现阶段新能源在各国的能源消费结构中占比普遍较低。我国在 2021 年提出在 2030 年前实现碳达峰，在 2060 年前实现碳中和，深化电力体制改革，构建以新能源为主的新型电力系统。然而可再生能源的随机性、间歇性和不可控的特点，导致新能源很难与现有的传统电网直接融合。

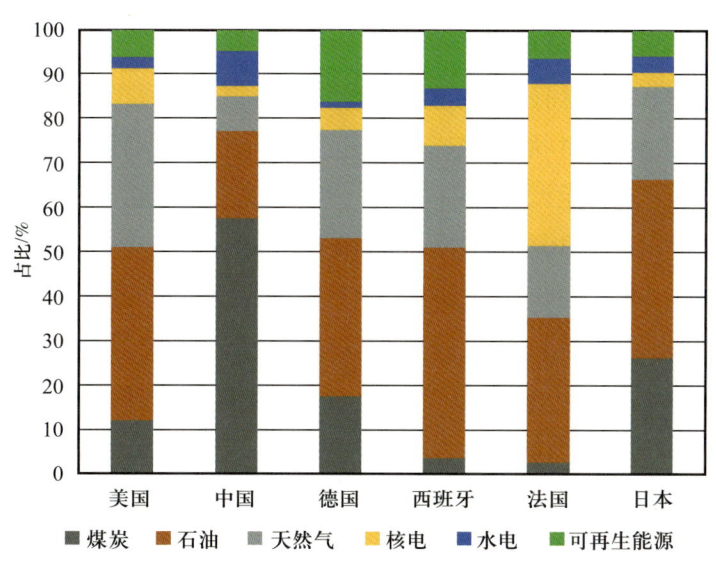

图 6-1-1　2020 年主要国家能源结构

针对电网转型的迫切需求，满足未来复杂多变的要求，美国未来学家杰里米·里夫金在 2011 年出版的《第三次工业革命：新经济模式如何改变世界》一书中指出新能源技术和信息技术的深入结合将诞生能源互联网这一新的能源利用体系，并提出能源互联网将成为第三次工业革命的重要标志。能源互联网这一概念在世界范围内得到了广泛传播和关注。里夫金指出能源系统将向能源生产民主化、能源分配分享互联网化转化，将形成以可再生能源+互联网为基础的能源共享网络。他在书中指出的能源互联网五大支柱见表 6-1-1。

表 6-1-1 能源互联网五大支柱

| 能源互联网五大支柱 | 具体内容 |
| --- | --- |
| 可再生能源 | 将使用化石能源的能源结构向使用可再生能源为主的能源结构转化 |
| 分布式发电 | 将每一处建筑转变成能就地收集可再生能源的迷你能量采集器 |
| 存储技术 | 将每一栋建筑视为储能装置来存储氢和其他可储存能源，利用基础设施来储存可再生能源，并保证有持久可依赖的环保能源供应 |
| 能源互联 | 利用网络通信技术把电网变为智能通用网络，从而让人们把建筑中的电能输送到电网中，从而实现能源共享 |
| 零排放交通运输 | 传统的由汽车、火车等构成的运输模式将转向插电式以及燃料电池为动力的运输工具构成的交通运输网络 |

2014 年 7 月，国家电网有限公司在美国电气电子工程师学会会议上提出了我国对于能源互联网全球化合作构建的设想。以互联网为参考，结合快速发展的电力电子技术、信息技术能够实现能量流和信息流的互联互通。传统的电力系统结构可以认为是树状结构，从发电侧的电源，到输电电网，再到配电侧和用电负荷侧，用于电能调控的主要是一些非智能设备，如分段开关、变压器分接头等，设备的寿命和调节的精度都相对较低。

能源互联网环境下的未来电力系统将各种形式的分布式电源和传统电网相融合，将电能和信息相互融合，这对电力系统提出了更高的要求，需要能够进行精细且灵活的调控。以电力电子技术为核心的能源路由器（Energy Router，ER）的概念正是在这种背景下产生的。

在传统电网向能源互联网转型的过程中，能源路由器的运行控制策略及其相互之间组网配合和能量调度方法是能源互联网运行的基础。通过能源路由器，用户侧的供电需求将逐渐由传统电网单一供电模式向传统电网、分布式新能源发电以及储能系统共同满足发展。基于电力电子变换器的能源路由器，能够对外提供各种新式的灵活电能标准接口，能够同时接入包括各种新能源在内的各种电力设备。同时，基于半导体器件工作的能源路由器可以迅速地调控潮流，进行能量的调度和管理。能源路由器作为能量和信息的集散点，能够方便地对电能数据进行采集和分析，在国家大力发展智能电网的趋势下，海量数据将为电能调度和电网智能化提供模型保障。

## 第二节　能源互联网的特征与基本架构

能源互联网是一个物质、能量与信息深度耦合的系统，是物理空间、能量空间、信息空间乃至社会空间耦合的多域，多层次关联，是包含连续动态行为、离散动态行为和混沌有意识行为的复杂系统。作为社会、信息、物理相互依存的超大规模复合网络，与传统电网相比，能源互联网具有更广阔的开放性和更大的系统复杂性，呈现出复杂的、不同尺度的动态特性。

### 一、特征

（1）开放。开放是能源互联网的核心理念，内涵丰富，主要体现在：多类型能源的开放互联、各种设备与系统的开放对等接入、各种参与者和终端用户的开放参与、开放的能源市场和交易平台、开放的能源创新创业环境、开放的能源互联网生态圈、开放的数据与标准等。

（2）互联。互联是开放的重要表现，为能源的共享和交易提供平台，连接供需，是能源互联网创造价值的基础。互联包括多种能源形式、多类能源系统、多异构设备、各类参与者等的互联。

（3）以用户为中心。以用户为中心是能源互联网在商业上取得成功的关键。用户的认可和广泛参与，才能有效推动能源互联网在能源生产、运行、管理、消费、交易、服务等各环节创造价值。以用户为中心强调提供极致的用户体验，不但满足用户不同品位的便捷用能需求，还要满足用户便捷生产和交易能源的需求。

（4）分布式。分布式是推动能源互联网发展的重要动力。光伏等新能源适合分布式，用户也将成为分布式的能源产消者。在分布式条件下，为保证能源产销的即产即用和能量时时处处平衡，这对分布式优化和控制提出了高要求。

（5）共享。共享是能源互联网的精神，物理设备的开放互联如果缺少了共享的机制，也就无法形成有效的能源市场和良好的创新创业环境。

（6）对等。对等是能源互联网的形态之一，能源互联网需要打破垄断，去中心化，不同参与者之间处于对等的位置，在此基础上进行对等的交易。能源的生产和消费也是对等的，不再是单向的生产跟踪消费模式，而是双向甚至多边的。

能源互联网的关键特征表现为：

（1）支撑多类型能源的开放互联，提高能源综合使用效率。
（2）支撑高渗透可再生能源的接入和消纳。
（3）支撑能量自由传输和用户广泛接入的自由多边互联网架构。
（4）集中和分布相结合的自组织网络架构。
（5）支撑众筹众创的能源互联网市场和金融。
（6）支撑能源运行、维护、交易、金融等大数据分析。

## 二、基本架构

能源互联网的基本架构如图 6-2-1 所示，大致可分为"能源系统的类互联网化"和"互联网＋"两层：前者指能量系统，是互联网思维对现有能源系统的改造；后者指信息系统，是数据互联网融入能源系统。

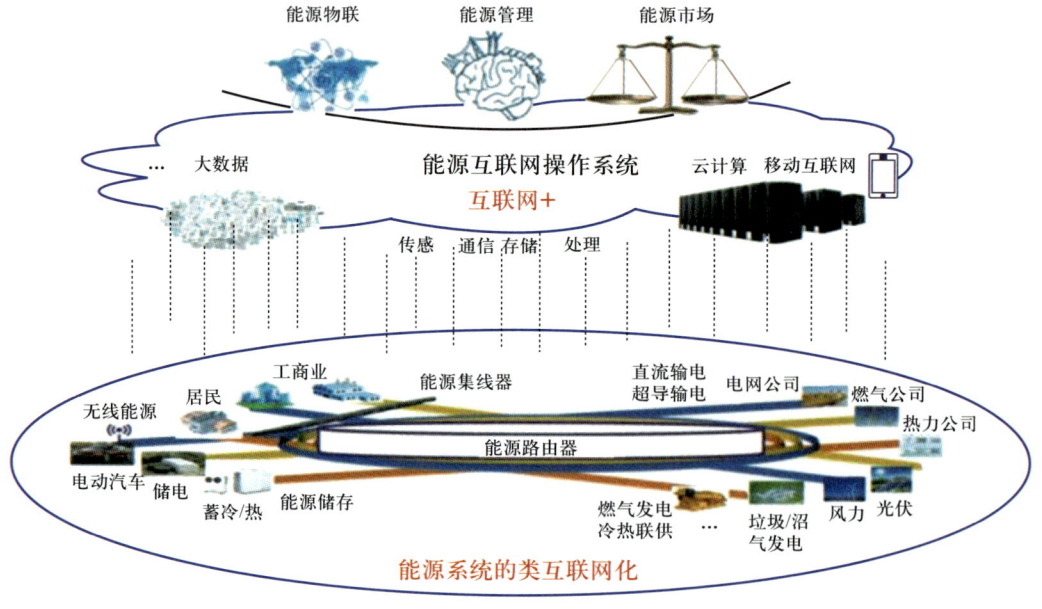

图 6-2-1 能源互联网基本架构示意图

## 第三节　面向能源互联网的智慧管网

智慧管网作为能源互联网的重要组成部分，通过将物联网、大数据、人工智能等先进技术集成应用，实现了管网系统的智能化、数字化和网络化管理。其在能源互联网中的重要性主要体现在提高能源传输效率、增强系统可靠性、提升能源安全性、实现智能调度和管理、支持智能决策和优化运营等多个方面。

智慧管网通过实时监测和优化调度，可以显著提高能源的传输效率。首先，实时监测是智慧管网的重要特性之一。利用传感器和物联网技术，智慧管网能够实时监测管道内的压力、流量、温度等关键参数。这些数据通过传感器网络和无线通信技术传输到中央控制系统，进行实时分析和处理。通过对管道运行状态的全面掌握，智慧管网可以及时发现并处理异常情况，如泄漏、阻塞或设备故障等，从而减少能源损耗，确保能源的高效传输。优化调度是智慧管网提升能源传输效率的另一重要手段。通过大数据分析和人工智能技术，智慧管网可以对能源的调度和分配进行优化。传统的管网系统往往依赖人工经验进行调度，存在调度效率低、能源利用率不高等问题。而智慧管网通过对历史数据和实时数据的分析，建立数学模型，进行智能调度优化，可以有效避免能源在传输过程中的浪费，提高能源利用效率。例如，在高峰期和低谷期之间进行能源的合理调配，减少能源的闲置和浪费，提升整体传输效率。

通过智能监控和预防性维护，提高了系统的可靠性和稳定性。智能监控是智慧管网的一项核心功能，通过传感器网络和监控系统，智慧管网可以实时监控管网的运行状态。任何异常情况，如压力异常、流量波动、温度变化等，都会被系统及时捕捉并报警，管理人员可以迅速采取措施，防止问题扩大。例如，当系统检测到管道某段出现压力下降时，可能预示着泄漏的发生，系统会立即启动报警机制，并指示维修人员进行检查和修复，从而避免了能源的大量流失和更大的事故发生。预防性维护是智慧管网提升系统可靠性的重要手段之一。通过对历史数据的分析和机器学习模型的预测，智慧管网能够提前识别潜在的故障风险，并在问题发生前进行维护。例如，某些设备在长时间运行后，可能会出现磨损或老化问题，通过数据分析，可以提前预判这些设备的故障趋势，安排维修或更换，避免设备在关键时刻突然出现故障，影响整个系统的正常运行。这种预防性维护不仅降低了管网维护成本，还显著降低了故障率，提高了系统的整体可靠性。

在能源互联网中通过多层次的安全保障措施，提高了能源传输和分配的安全性。首先，数据加密和保护是智慧管网安全保障的基础。利用先进的加密技术，如安全套接层（Secure Socket Layer，SSL）/传输层安全性协议（Transport Layer Security，TLS），智慧管网在数据传输过程中对所有数据进行加密，防止数据被窃取或篡改。这种数据加密措施确保了数据在传输过程中的安全性，即使在传输过程中被截获，未经授权的人员也无法解密和读取数据，保障了数据的保密性和完整性。身份认证和访问控制是智慧管网保障系统安全的另一个重要方面。通过严格的身份认证和访问控制机制，智慧管网确保只有授权人员才能访问和操作关键设备和数据。每个访问请求都需要进行身份验证，并根据权限控制访问范围，防止非法入侵和操作。例如，系统管理员拥有最高权限，可以进行系统配置和维护，而普通操作人员则只能进行日常操作和监控，确保系统的操作安全。此外，智慧管网具备异常检测和应急响应能力。系统能够实时检测异常情况，并快速响应，启动应急预案。例如，在遭遇分布式拒绝服务（Distributed Denial of Service，DDoS）攻击时，系统可以快速识别攻击行为，并采取流量限制、IP封禁等措施，防止攻击影响系统正常运行。同时，智慧管网具备完备的应急预案和处理机制，当出现重大故障或紧急情况时，系统能够快速响应，协调各方资源进行处理，确保系统的安全稳定运行。

通过智能调度和管理，智慧管网实现了能源的高效分配和使用。智能调度是智慧管网的核心功能之一，通过对多源数据的分析和处理，智慧管网可以实现能源的智能调度，保障能源供需平衡。传统的能源调度往往依赖于人工经验和固定的调度方案，难以应对复杂多变的能源需求。而智慧管网通过大数据分析和AI技术，可以实时调整调度方案，优化能源分配。例如，在高峰时段，可以通过调度算法优先保障居民和重要设施的能源供应，而在低谷时段，则可以进行能源储存或调度至其他地区，提升能源利用效率。负荷预测和优化是智慧管网实现智能调度的关键。通过大数据和人工智能技术，智慧管网可以准确预测能源负荷，优化能源供应方案。例如，通过分析历史能源消耗数据和实时用能数据，智慧管网可以预测未来的能源需求趋势，提前做好调度准备，避免因能源供应不足或过剩导致的浪费和损失。同时，负荷优化还可以根据实际情况调整能源供应，平衡供需，降低运行成本。

通过数据驱动的智能决策和优化运营，提升整个能源互联网的运营效率和决策水平。数据分析和决策支持是智慧管网的核心功能之一，利用大数据分析和人工智能技术，智慧管网可以对海量数据进行分析和挖掘，提供全面的决策支持。例如，通过对历史运行数据的分析，可以发现系统的运行规律和趋势，识别潜在的问题和风险，制定科学合理的运营策略，提升系统的整体效率和可靠性。

## 第四节　智慧管网技术发展展望

油气管网是复杂、开放的系统，与环境和社会存在着大量信息、能量交换与耦合。智慧管网在近 10 年的技术发展历程中，始终围绕"安全、高效、价值"目标，聚焦管网系统设计施工、生产运维、商务运营等关键业务系统展开。

智慧管网技术发展的方向，可以从管网系统和业务管理两个维度来展望。

从管网系统维度展望：基于工业互联网平台，建成油气流、数据流、信息流互联互通的"全国一张网"，形成具备泛在感知、自适应优化能力的管网基础设施；采用数字孪生技术，建成与实体管网精准映射、同生共长的数字管网，实现管网基础设施在物理和虚拟世界的数字信息协同、感知控制协同以及知识智能协同。深入开展数据挖掘，形成系统的知识体系，建成"管网大脑"，各个业务系统之间由数据交互逐步转向知识交互，实现跨部门跨业务的智能辅助综合决策。逐步建立以数据和知识为核心的数字化、智能化和平台化管理体系，使管网安全水平和运行效率取得跨越式发展。

从业务管理维度展望：统筹油气管道、LNG 接收站、储气库、储油库等全链条储运设施，建立管道设计施工一体化集成的智能建设技术与标准体系，强化管网系统的运力价值和算力价值，实现管网生产运维大数据智能分析预测与辅助决策功能，基于工业互联网构建油气管道系统的五大新型安全能力，促进"全国一张网"模式下资源优化配置，完善公平开放规则体系，建立能源输送服务市场新秩序。

围绕能源管道输送系统自身数智化发展和与能源互联网深度融合两大核心任务，智慧管网未来研究热点主要聚焦于以下三个方面。

（1）构建能源管道输送领域行业大模型，研究基于数据和知识驱动的安全运维算法，开发数字孪生管网智能分析平台，建设智慧能源管道输送系统。

（2）基于数字孪生管网分析平台，构建数字孪生管网知识图谱。对管网全生命周期场景数据、知识及信息进行综合应用并辅助管理和决策，建立战略规划、设计施工、生产运维、商务运营等关键专业知识产生规则并更新融入统一的知识图谱，建成"管网大脑"，使智慧管网运行效率取得跨越式发展。

（3）油气管网与能源互联网一体化调度优化方法与高效协同。开展保障能源供应安全及系统安全稳定双重约束的管网规划设计体系研究，研发能源互联背景下油气管网系统平衡与供应保障关键技术，建立能源管道输送系统核心数据资产智能管控体系和面向能源互联的数据联通机制。

# 参 考 文 献

［1］李莉，杨玉锋，刘硕，等.工业领域智能化现状及智慧管网发展展望［C］//中国石油学会石油储运专业委员会.第八届中国油气管道完整性管理技术交流大会论文集.北京：中国石化出版社，2023：613-619.

［2］冯庆善.智能油气管网系统建设与运行方法论研究［J］.油气储运，2024，43（8）：841-854.

［3］蔡永军，王海明，杜文友，等.油气管网智能感知体系［J］.油气与新能源，2024，36（2）：80-86.

［4］薛鲁宁，李莉，张栩赫，等.智慧管网技术标准体系架构探索［J］.中国标准化，2023，（6）：50-57.

［5］朱喜平，张平，王多才，等.基于价值链分析的智慧储气库顶层设计［J］.油气储运，2023，42（4）：361-374.

［6］杨琦，盖健楠，孟顿，等.面向油气管道构建数字孪生体的部署方案［C］//中国石油学会石油储运专业委员会.中国国际管道会议（CIPC2021）论文集.北京：中国石化出版社，2021：81-86.

［7］薛鲁宁，李莉，陈钻，等.智慧管网对标策略研究［J］.标准科学，2024，（4）：21-25.

［8］贾韶辉.面向管道完整性的行业人工智能大模型框架设计研究［C］//中国石油学会石油储运专业委员会.第八届中国油气管道完整性管理技术交流大会论文集.北京：中国石化出版社，2023：628-631.

［9］Yang Y F，Zhang Q，Zhang X X，et al. Intelligent methods for the pipeline operation and integrity［J］. Journal of Pipeline Systems Engineering and Practice，2024（1）.

［10］Wen K，Qiao D，Nie C F，et al. Multi-period supply and demand balance of large-scale and complex natural gas pipeline network：Economy and environment［J］. Energy，2023，264：126104.

［11］Chen P C，Ma Y B，Li R，et al. Development of safe operation technology of crude oil pipeline in permafrost regions［J］. Journal of Pipeline Science and Engineering，2024，4（2）：100152-100152.

［12］Nie C F，Gu X T，Liu L Q. Joint Peak Shaving Mechanism of Pipeline Gas Storage Case Study of West-East Gas Pipeline［C］//E3S Web Conference. 2024，520：04008.

［13］Xie Y G，Li Y X，Ma Y B. Data privacy security mechanism of industrial internet of things based on block chain［J］. Applied Sciences，2022，12：6859.

［14］Xie Y G，Chang Y X，Ma Y B，et al. Research and simulation of oil and gas pipeline leak detection based on optical fiber sensors［J］. Journal of Computers，2022，33：195-206.

［15］Shi N，Li L L，Ma Y B，et al．Study of deformation characteristics and a strain calculation model for pipelines impacted by landslides［J］．Frontiers in Earth Science，2023，10：1049740．

［16］Lin S，Gao H K，Yang B L．Research on knowledge graph of oil and gas pipeline network geohazard management and control［C］//Proceedings of the 2024 14th International Pipeline Conference，2024：132382．

［17］雷艳阳，姜桃飞，马云宾，等．基于宽带声光调制的高保真相位敏感光时域反射计系统［J］．光学学报，2024，44（1）：324-332．

［18］王军防，矫捷，李皓，等．基于AHP-EWM-模糊综合评价的智能油库成熟度评价［J］．油气与新能源，2024，36（1）：41-47．

［19］杨玉锋，薛吉明，张希祥，等．油气长输管道风险评价技术及数字化软件研究应用［C］//中国石油学会石油储运专业委员会．第八届中国油气管道完整性管理技术交流大会论文集．北京：中国石化出版社，2023：620-627．

［20］万一鸣，刘宏业，妥之彧．基于有限元仿真探究线能量对平板对接焊缝成形质量的影响［J］．石油工程建设，2023，49（2）：43-48．

［21］马剑林，连江桥，吴志锋，等．基于数字孪生技术的河流穿越涡激振动评估［J］．石油工程建设，2023，49（5）：62-69．

［22］唐善华，杨毅，张麟，等．天然气管网智能调控初探［J］．油气储运，2021，40（9）：991-996，1026．

［23］邹永胜，梁俊，高建章，等．中缅原油管道智能化运行辅助决策系统建设方案［J］．油气储运，2021，40（4）：377-385．

［24］宫敬．从旁接油罐到管网联运再到智能调控——中国输油管道工艺技术50年发展回顾与展望［J］．油气储运，2020，39（8）：841-850．

［25］董绍华，张轶男，左丽丽．中外智慧管网发展现状与对策方案［J］．油气储运，2021，40（3）：249-255．

［26］吴长春，左丽丽．关于中国智慧管道发展的认识与思考［J］．油气储运，2020，39（4）：361-370．

［27］宫敬，徐波，张微波．中俄东线智能化工艺运行基础与实现的思考［J］．油气储运，2020，39（2）：130-139．

［28］丁建林，西昕，张对红．能源安全战略下中国管道输送技术发展与展望［J］．油气储运，2022，41（6）：632-639．

［29］张海峰，蔡永军，李柏松，等．智慧管道站场设备状态监测关键技术［J］．油气储运，2018，37（8）：841-849．

［30］马剑林，连江桥，吴志锋，等．基于数字孪生技术的河流穿越涡激振动评估［J］．石油工程建设，2023，49（5）：62-69．

［31］喻斌，冯骋，丛瑞，等．数字孪生体在中缅原油管道智能化建设中的应用［J］．石油

工程建设，2022，48（4）：1-6.

［32］王振声，陈朋超，王巨洪. 中俄东线天然气管道智能化关键技术创新与思考［J］. 油气储运，2020，39（7）：10.

［33］臧钊. 基于BIM+GIS的京张高速铁路空地一体"数字孪生"智能化运维技术研究［J］. 铁道运输与经济，2022（9）：44.

［34］周毅，周良才，沈颖平. 基于数字孪生的华东电网安控系统虚拟建模及实现［J］. 电器与能效管理技术，2021（6）：47-51.

［35］陶飞，黄祖广，马昕，等. 数字孪生五维模型及十大领域应用［J］. 计算机集成制造系统，2019，25（1）：1-18.

［36］陈星，忻渊中，赵文渊，等. 电网建设智慧前期平台多源异构数据融合模型［J］. 电力学报，2022，37（1）76-83.

Gascoyne M, 1992. Palaeoclimate determination from cave calcite deposits [J]. Quaternary Science Reviews, 11: 609-632.

Genty D D, Baker A, Massault M, et al., 2001. Dead carbon in stalagmites: Carbonate bedrock paleodissolution vs. ageing of soil organic matter: Implications for 13C variations in speleothems [J]. Geochimica et Cosmochimica Acta, 20: 3443-3457.

Haszeldine R S, Samson I M, 1984. Cornfort C. Dating diagenesis in a petroleum basin, a new fluid inclusion method[J]. Nature, 307: 354-35.

Hendy C H, Wilson A T, 1986. Palaeoclimatic data from speleothem [J]. Nature, 216: 48-51.

Hendy C H, 1971. The isotopic geochemistry of speleothems — I. The calculation of the effect of different modes of formation on the isotopic composition of speleothems and their applicability as palaeoclimatic indicators [J]. Geochim. Cosmochim. Acta, 35: 807-824.

James N P, Choqouette P W, 1984. Limestone: The meteoric diagenetic environment[J]. Geoscience Canada, 11（4）: 161-194.

Karlsen D A, Nedkvitne T, Larter S R, et al., 1993. Hydrocarbon composition of authigenic inclusions: application to elucidation of petroleum reservoir filling history[J]. Geochimica et Comochimca Acta, 57: 3641-365.

Kovluk D R, 1984. Coastal paleokarst near the ordovician-silurian boundary, Manitoulin Island, Ontario [J]. Bulletin of Canadian Petroleum Geology, 32（4）: 398-407.

Leslie A M, 1996. Limitations on lowstand meteoric diagenesis in the Pliocene-Pleistocene of Florida and Grent Bahama Bank: Implications for eustatic sea-level models[J]. Geology, 24（10）: 893-896.

Longman M W, 1980. Carbonate diagenetic textures from nearsurface diagenetic environment[J]. AAPG Bulletin, 64（4）: 461-487.

Ma X, Nie S, Gao S, et al, 2022. Research on well selection method for high-pressure water injection in fractured-vuggy carbonate reservoirs in Tahe oilfield[J].Journal of Petroleum Science and Engineering, 214: 110-477.

Mahboubi A, Moussavi-Harami R, Bernner R L, et al., 2002. Diagenetic history of late palaeocene potential carbonate reservoir rocks, Kopet-Dahg Basin, Ne Iran[J].Journal of Petroleum Geology, 25（4）: 465-484.

Mangini A, Spot C, Verdes P, 2005. Reconstruction of temperature in the Central Alps during the past 2000 yr from aδ18O stalagmite record [J]. Earth and Planetary Science Letters, 235: 741-751.

Mazzullo S J , Harris P M, 1992. Mesogenetic dissolution : Its role in porosity development in carbonate reservoir [J]. AAPG Bulletin, 76（5）.

Michael A, Thomas F, et al., 1983. Stable isotopes in sedimentary geology [M]. Chengdu: CDIG.

Milliman J D, 1974. Recent sedimentary carbonate, Part 1 Marine Carbonate[J]. Berlin: Springer-Verlage.

Moori C H, 1981. Druckman Y. Burial diagenesis and porosity evolution, upper Jurassic Smackover, Arkansas and Louisiana[J]. AAPG Bulletin, 65（4）: 597-627.

Morrow D W, 1990. Dolomite – Part 2: Dolomitization models and ancient dolostones.//McIlreath A, Morrow D W. Diagenesis. Geoscience Canada, 125-140.

Mutti M, 1991. Jadoul F.Middle Triassic Paleokarst Surfaces And Associated Stratigraphic Patterns In Platform Carbonates: Evidence From Sedimentology And Diagenesis, Southern Alps, Italy[J]. AAPG Bulletin, 75（3）: 643.

Neil J R, Clayton R N, Mayeda T K, 1969. Oxygen isotope fractionation in divalent metal carbonates [J]. J. Chem. Phys., 51: 5547-5558.

Wagner J, et al., 1990. Caves in the Moravskoslezske Beskydy Mts. And their surroundings. In: Jeskyne

Moravskoslezskych Beskyd a okoli[J]. Knih. Ceske Spel, Spol. 17: 86-130.

Walkden G M, 1974. Palaeokarstic surfaces in Upper Viséan (Carboniferous) limestones of the Derbyshire Block, England[J]. Journal of Sedimentary Petrology, 44: 1232-1247.

Wang B Q, Ihsan S, 2002. Al-Aasm.Karst-controlled diagenesis and reservoir development: example from ordovician main-reservoir carbonate rocks on the eastern margin of the Ordos Basin, China [J]. AAPG, 86 (9): 1639-1658.

Wright V P, 1982. The recognition and interpretation of paleokarsts: two examples from the Lower Carboniferous of South Wales[J]. Journal of Sedimentary Petrology, 52: 83-94.

Yong e C J, Ford D C, Gray J, et al., 1985. Stable isotope studies of cave seepage water [J]. Chem. Geol., 58: 97-105.

Yue P, Xie Z, Huang S, et al., 2018. The application of N-2 huff and puff for IOR in fracture-vuggy carbonate reservoir[J].Fuel, 234: 1507-1517.

Yue P, Xie Z, Liu H, et al, 2018. Application of water injection curves for the dynamic analysis of fractured-vuggy carbonate reservoirs[J]. Journal of Petroleum Science and Engineering, 169: 220-229.